もくじ

東京書籍版
新編　新しい算数
4年　準拠

教科書の内容

教科書 上

教科書 ㊤ 9〜17 ページ

月　　日

1　1 億より大きい数を調べよう

❶ 大きい数のしくみ

❷ 10 倍した数、$\frac{1}{10}$ にした数　❸ かけ算

／100点

1 下の数について答えましょう。　1つ8〔40点〕

4326159000000

❶ 次の数字は、何の位（くらい）ですか。

㋐ 9 （　　　　）　㋑ 4 （　　　　）

❷ この数の読み方を漢字で書きましょう。

（　　　　　　　　　　　　）

❸ 百億（おく）の位の数字は何ですか。　（　　）

❹ 左から 4 ばんめの 6 は、何が 6 こあることを表していますか。　（　　）

2 次の数を数字で書きましょう。　1つ7〔28点〕

❶ 三十二兆（ちょう）千五百万三千　（　　　　）

❷ 1 億を 84 こ集めた数　（　　　　）

❸ 8000 億を 10 倍した数　（　　　　）

❹ 3 兆を $\frac{1}{10}$ にした数　（　　　　）

3 計算をしましょう。　1つ8〔32点〕

❶ 495×538　❷ 372×204

❸ 5200×90　❹ 840×7600

答えは 65ページ

教科書 ㊤ 9～17 ページ

月　日

10分

1　1億より大きい数を調べよう

❶ 大きい数のしくみ

❷ 10倍した数、$\frac{1}{10}$にした数　❸ かけ算

／100点

1 □にあてはまる数を書きましょう。　1つ8〔24点〕

❶ 5300000000000は、100億を□こ集めた数です。

❷ □は、10万を28こ集めた数です。

❸ 10兆は、1兆を□倍した数です。

2 計算をしましょう。　1つ8〔64点〕

❶ 317×526　　❷ 674×253

❸ 825×309　　❹ 748×606

❺ 8500×40　　❻ 290×4200

❼ 908×343　　❽ 403×809

3 0から9までの数字をどれも1回ずつ使って10けたの整数をつくります。いちばん大きい位の数が4である整数の中で、いちばん小さい整数はいくつですか。　〔12点〕

(　　　　　　　)

答えは
65ページ

2　グラフや表を使って考えよう

❶ 折れ線グラフ

／100点

1 右の折れ線グラフは、ある日の気温の変わり方を表したものです。　1つ14〔70点〕

(度) 1日の気温の変わり方

縦じく：0, 5, 10, 15, 20, 25
横じく：8 9 10 11 0 1 2 3 4 5 (時)　午前　午後

❶ 横のじくは何を表していますか。

(　　　　　　)

❷ 午前10時の気温は、何度ですか。

(　　　　　　)

❸ 気温が11度だったのは、何時ですか。

(　　　　　　)

❹ いちばん高い気温は何度で、それは何時ですか。

(　　　　　、　　　　　)

❺ 気温が2度下がっているのは、何時と何時の間ですか。

(　　　　　　)

2 下の㋐～㋔の図は、気温の変化を表した折れ線グラフの一部です。　1つ10〔30点〕

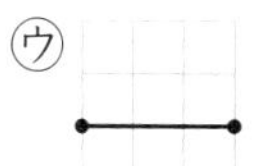

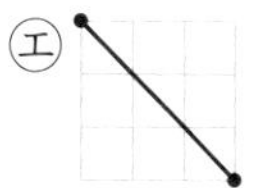

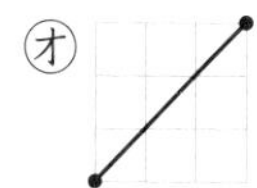

❶ 下がり方がいちばん大きいのはどれですか。　(　　　)

❷ 上がり方がいちばん大きいのはどれですか。　(　　　)

❸ 変わらないのはどれですか。　(　　　)

答えは65ページ

月　　日

2　グラフや表を使って考えよう

❶ 折れ線グラフ

／100点

1 まおさんは、１日の気温を調べました。　1つ25〔75点〕

１日の気温の変(か)わり方

時こく(時)	午前 7	8	9	10	11	午後 0	1	2	3	4
気　温(度)	15	18	20	21	24	25	27	26	26	23

❶ １日の気温の変わり方を折(お)れ線(せん)グラフに表しましょう。

❷ いちばん高い気温といちばん低(ひく)い気温の差(さ)は何度ですか。

(　　　　)

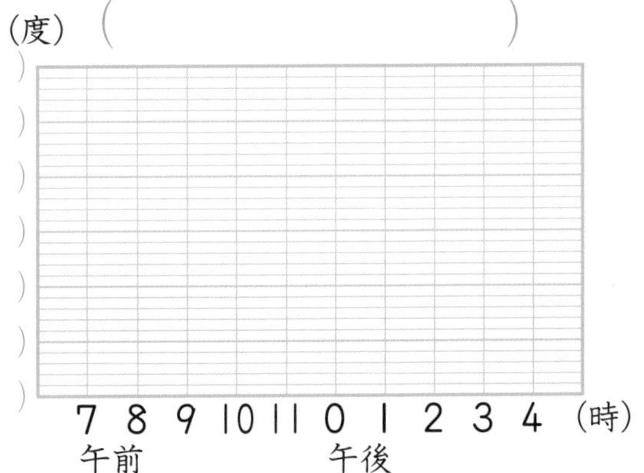

❸ 気温が変わっていないのは、何時と何時の間ですか。

(　　　　)

2 次の㋐～㋒で、折れ線グラフに表すとよいのはどれですか。　〔25点〕

㋐ 同じ日に調べた学校別(べつ)の小学生の数

㋑ 毎月１日に調べた自分の体重

㋒ 同じ日に調べた何人かの子どもの体重

(　　　　)

答えは 65ページ

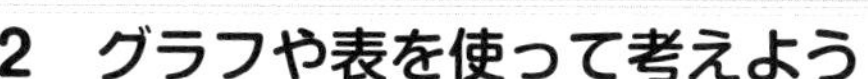

月　　日

2　グラフや表を使って考えよう

❷ 整理のしかた

／100点

1 右のデータは、ある学校の４月のけがの様子を調べたものです。

1つ25〔50点〕

❶ けがをした場所と原いんに注目して、下の表に人数を書きましょう。

けが調べ（４月）

学年	時間	場所	原いん
2	放課後	校庭	ぶつかる
1	昼休み	教室	転ぶ
3	休み時間	体育館	ひねる
6	昼休み	ろう下	ぶつかる
4	放課後	校庭	ひねる
5	じゅ業中	体育館	転ぶ
3	休み時間	ろう下	転ぶ
5	昼休み	校庭	ぶつかる
2	じゅ業中	体育館	転ぶ
1	昼休み	校庭	転ぶ
6	昼休み	体育館	ぶつかる
1	放課後	体育館	ひねる
4	じゅ業中	校庭	落ちる
4	休み時間	ろう下	ひねる
6	放課後	校庭	転ぶ
3	じゅ業中	体育館	落ちる
2	休み時間	校庭	ぶつかる
5	昼休み	ろう下	ぶつかる

けがをした場所と原いん（４月）　（人）

場所＼原いん	ぶつかる	転ぶ	ひねる	落ちる	合計
校庭					
体育館					
ろう下					
教室					
合計					

❷ どこで、どんな原いんのけががいちばん多いですか。

（　　　　、　　　　）

2 右の表を見て、答えましょう。

1つ25〔50点〕

❶ ４年生でイヌがきらいな人は何人ですか。（　　　）

❷ イヌが好きな人は、全部で何人ですか。（　　　）

イヌの好ききらい調べ（人）

	好き	きらい	合計
3年生	18	8	
4年生	10	5	
合計			

答えは
65ページ

教科書 ㊤ 29～33 ページ

月　　日

2 グラフや表を使って考えよう
❷ 整理のしかた

／100点

1 右の表は、4年2組の、持ち物調べのデータです。　1つ25〔100点〕

❶ 右のデータを見て、下の表に㋐～㋓の人数を書きましょう。

ハンカチ	持ってきた	㋐　　人
	持ってこない	㋑　　人
ティッシュペーパー	持ってきた	㋒　　人
	持ってこない	㋓　　人

❷ 上で調べたことを下のような表にまとめました。「ハンカチだけ持ってきた人」は、表の㋕～㋝のどこに入りますか。

(　　　　)

持ち物調べ　(人)

		ティッシュペーパー		合計
		持ってきた	持ってこない	
ハンカチ	持ってきた	㋕	㋖	㋗
	持ってこない	㋘	㋙	㋚
合計		㋛	㋜	㋝

❸ 上の表を完成(かんせい)させましょう。

❹ 上の表の㋘は、どのような人を表していますか。

(　　　　)

持ち物調べ

出席番号(しゅっせきばんごう)	ハンカチ	ティッシュペーパー
1	○	×
2	×	×
3	○	○
4	×	○
5	○	×
6	×	×
7	×	○
8	×	×
9	×	○
10	×	○
11	○	○
12	○	○
13	×	×
14	×	×
15	○	×
16	×	○
17	×	×
18	×	○
19	○	○
20	○	×
21	×	×
22	×	○
23	×	○
24	○	○

○…持ってきた
×…持ってこない

答えは 65ページ

教科書 ㊤ 37〜38 ページ

月　　日

3　わり算のしかたを考えよう

❶ 何十、何百のわり算

／100点

1 計算をしましょう。　1つ5〔60点〕

❶ 90÷9　　❷ 50÷5

❸ 270÷9　　❹ 480÷8

❺ 300÷5　　❻ 100÷2

❼ 600÷6　　❽ 800÷2

❾ 3600÷9　　❿ 4800÷8

⓫ 3500÷5　　⓬ 4500÷9

2 280 本のえん筆を、7 人で同じ数ずつ分けます。1 人分は何本になりますか。　1つ10〔20点〕

【式】

答え（　　　　）

3 12m のリボンを 6cm ずつに切ります。6cm のリボンは何本とれますか。　1つ10〔20点〕

【式】

答え（　　　　）

答えは
66ページ

教科書 ㊤ 37～38 ページ

月　日

10分

3 わり算のしかたを考えよう

❶ 何十、何百のわり算

／100点

1 計算をしましょう。 1つ5〔60点〕

❶ 60÷2　　❷ 40÷4

❸ 540÷9　　❹ 720÷8

❺ 400÷5　　❻ 200÷5

❼ 700÷7　　❽ 600÷2

❾ 6400÷8　　❿ 2400÷6

⓫ 2000÷5　　⓬ 4000÷8

2 9 まいで 450 円の画用紙を買います。画用紙 1 まいのねだんはいくらですか。 1つ10〔20点〕

【式】

答え（　　　　）

3 1 L のジュースを、5 人で同じ量（りょう）ずつ分けます。1 人分は何 mL になりますか。 1つ10〔20点〕

【式】

答え（　　　　）

答えは 66ページ

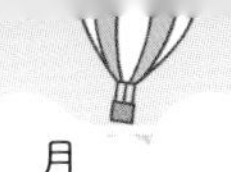

教科書 ㊤ 39～46 ページ　　月　　日

3　わり算のしかたを考えよう

❷ わり算の筆算 (1)

／100点

1 計算をしましょう。　1つ8〔72点〕

❶ 6)96　❷ 2)79　❸ 4)80

❹ 3)57　❺ 5)735　❻ 3)528

❼ 2)459　❽ 3)362　❾ 4)438

2 わり算をしましょう。また、答えのけん算について、□にあてはまる数を書きましょう。　1つ7〔28点〕

❶ 95÷4

4×□＋□＝□

❷ 681÷2

2×□＋□＝□

答えは 66ページ

かくにん 5

教科書 ㊤ 39～46 ページ

月　日

10分

3 わり算のしかたを考えよう
❷ わり算の筆算(1)

／100点

1 計算をしましょう。 1つ10〔60点〕

❶ 2)76　❷ 7)81　❸ 6)65

❹ 7)945　❺ 5)574　❻ 4)816

2 わり算をしましょう。また、答えのけん算をしましょう。 1つ6〔24点〕

❶ 82÷3　❷ 58÷5

けん算（　　）　けん算（　　）

3 415まいのカードを、4人で同じ数ずつ分けます。1人分は何まいになって、何まいあまりますか。 1つ8〔16点〕

【式】

答え（　　）

答えは 66ページ

教科書 上 47〜50 ページ　　月　　日

3　わり算のしかたを考えよう

❸ わり算の筆算(2)

❹ 暗算

／100点

1 計算をしましょう。　1つ10〔30点〕

❶ 4)184　　❷ 5)367　　❸ 8)409

2 わり算をしましょう。また、答えのけん算について、□にあてはまる数を書きましょう。　1つ8〔32点〕

❶ 472÷7　　❷ 725÷9

7×□＋□＝□　　9×□＋□＝□

3 3m のはり金を 7cm ずつに切ります。7cm のはり金は何本とれて、何cm あまりますか。　1つ8〔16点〕

【式】

答え（　　　　）

4 78÷3 を暗算で計算しましょう。　〔22点〕

78 ⟨ 60 ⇨ 60 ÷3＝㋐□ ／ 18 ⇨ ㋑□ ÷3＝㋒□ ⟩ ⇨ 78÷3＝㋓□

答えは 66ページ

月　　日

3　わり算のしかたを考えよう

❸ わり算の筆算 (2)

❹ 暗算

／100点

1 計算をしましょう。　1つ8〔48点〕

❶ 5）185　　❷ 6）512　　❸ 8）439

❹ 2）167　　❺ 4）281　　❻ 7）560

2 わり算をしましょう。また、答えのけん算をしましょう。　1つ6〔24点〕

❶ 205÷8　　❷ 543÷9

けん算（　　　）　　けん算（　　　）

3 115 ページある本を 1 日に 9 ページずつ読むとすると、読み終わるのに何日かかりますか。　1つ6〔12点〕

【式】

答え（　　　）

4 暗算で計算しましょう。　1つ8〔16点〕

❶ 96÷3　　❷ 840÷7

答えは
66ページ

月　日

4　角の大きさの表し方を調べよう
（角の大きさの表し方を調べよう ①）

／100点

1 □にあてはまる数を書きましょう。　1つ10〔20点〕

❶ 180°＝□直角　　❷ 360°＝□回転の角度

2 右の図は、㋐の角度を分度器ではかっているところです。　1つ10〔20点〕

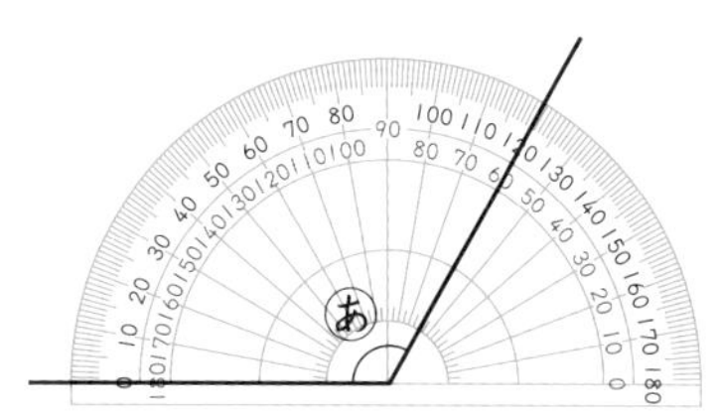

❶ ㋐の角度は直角より大きいですか、小さいですか。

（　　　）

❷ ㋐の角度は何度ですか。

（　　　）

3 ㋐～㋓の角度は、それぞれ何度ですか。　1つ15〔60点〕

❶

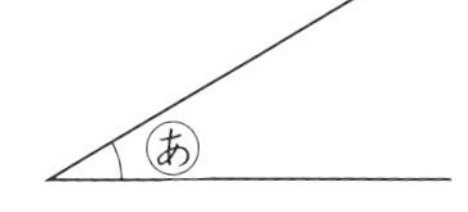

（　　　）

❷

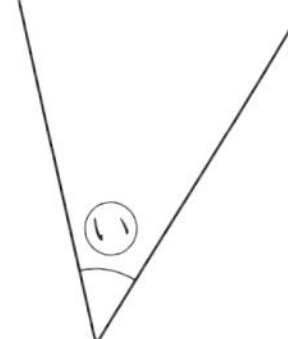

（　　　）

❸

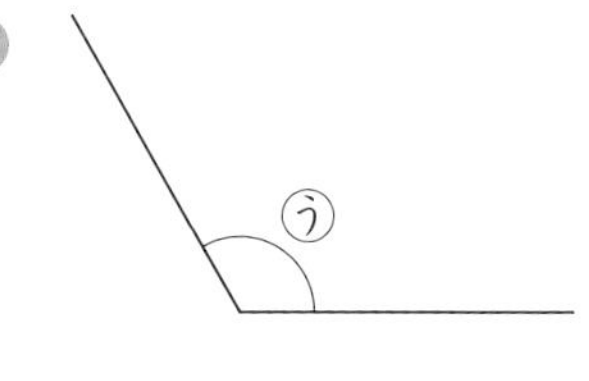

（　　　）

❹

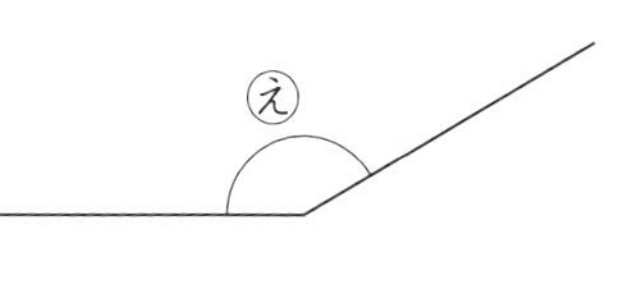

（　　　）

答えは
66ページ

かくにん 7

教科書 ㊤ 55～60 ページ

月　日

4 角の大きさの表し方を調べよう
(角の大きさの表し方を調べよう ①)

／100点

1 □にあてはまる数を書きましょう。 1つ10〔20点〕

❶ 3直角＝□度　❷ 4直角＝□回転の角度

2 ㋐、㋑の角度は何度ですか。 1つ10〔20点〕

❶

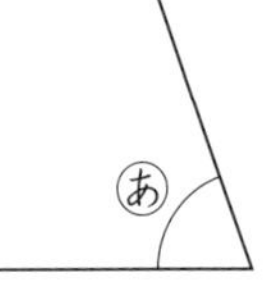

( )

❷

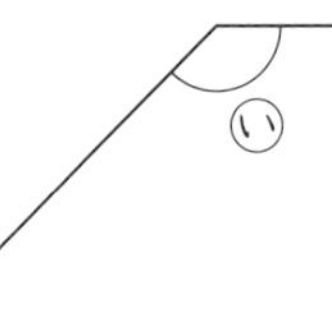

( )

3 ㋐～㋒の角度を計算で求めましょう。 1つ10〔60点〕

150°

❶ ㋐の角度

【式】

答え( )

❷ ㋑の角度

【式】

答え( )

❸ ㋒の角度

【式】

答え( )

答えは 66ページ

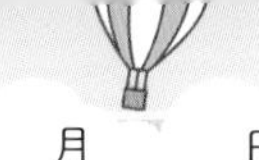

きほん 8

教科書 ㊤ 61～68 ページ　　月　　日

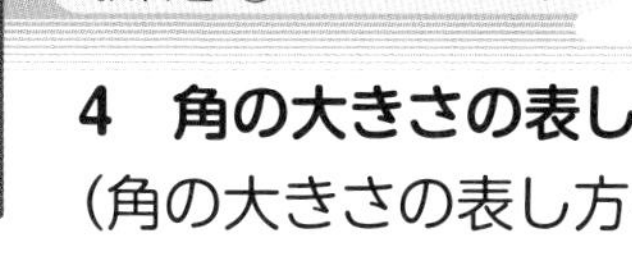

4　角の大きさの表し方を調べよう
（角の大きさの表し方を調べよう ②）

／100点

1 ㋐、㋑の角度は何度ですか。　1つ16〔32点〕

❶ 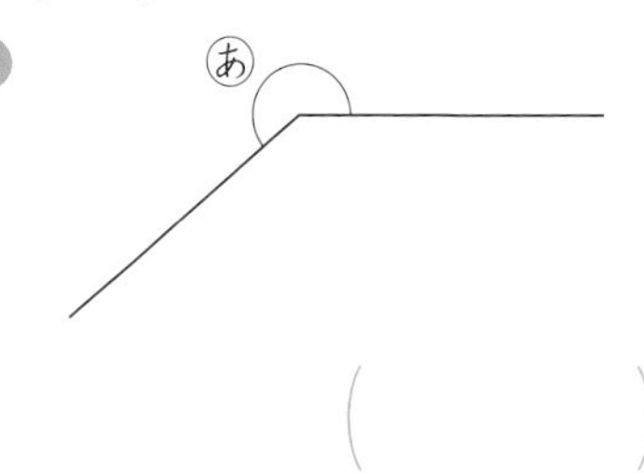

（　　　）

❷ 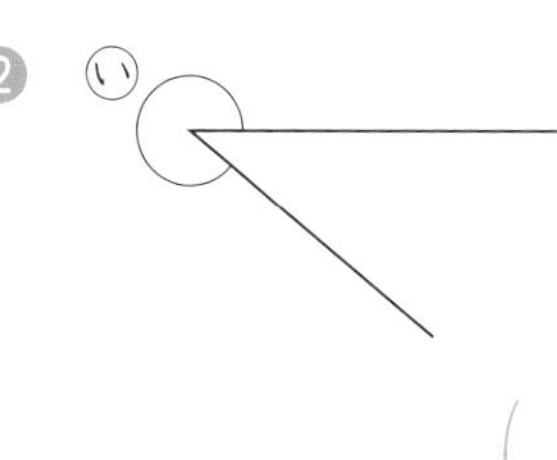

（　　　）

2 下の図のような三角形をかきましょう。　〔18点〕

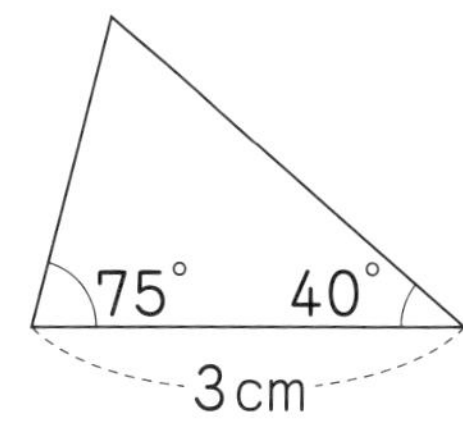

3 次の角をかきましょう。　1つ16〔32点〕

❶ 105°

❷ 155°

4 点アを頂点（ちょうてん）として、20°の角をかきましょう。　〔18点〕

ア

答えは 66ページ

教科書 ㊤ 61～68 ページ

月　　日

4　角の大きさの表し方を調べよう
(角の大きさの表し方を調べよう ②)

／100点

1 下の図のような三角形をかきましょう。〔20点〕

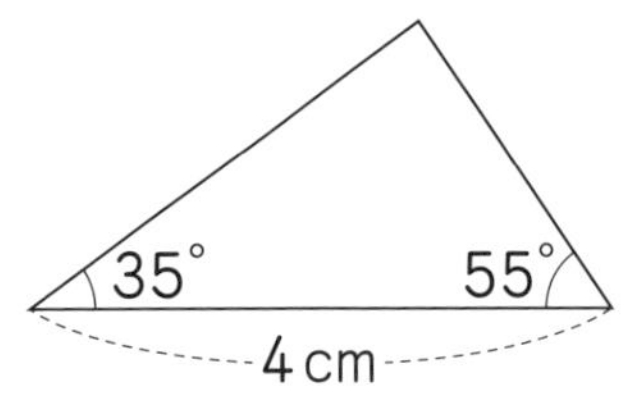

2 点アを頂点(ちょうてん)として、200°の角をかきましょう。〔18点〕

ア

3 三角じょうぎの角度について、□にあてはまる角度を答えましょう。1つ8〔32点〕

❶

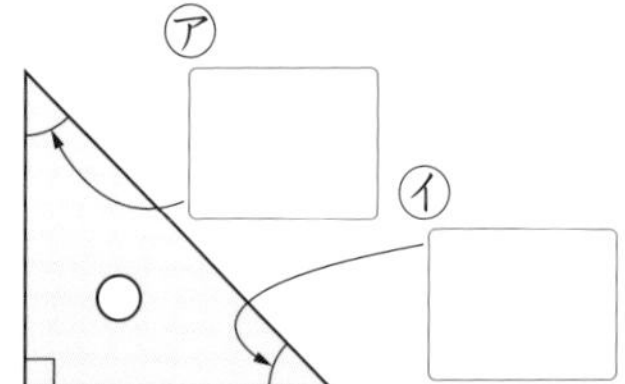

❷

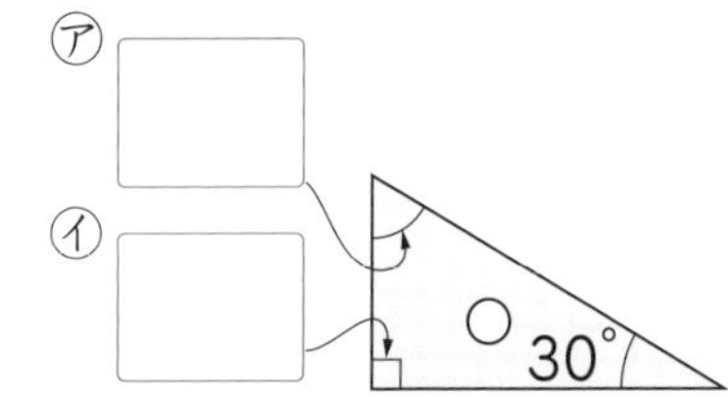

4 下の図は、１組の三角じょうぎを組み合わせたものです。㋐～㋒の角度は何度ですか。1つ10〔30点〕

❶

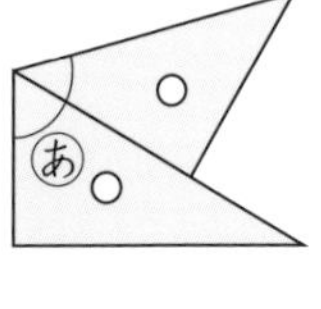

❷

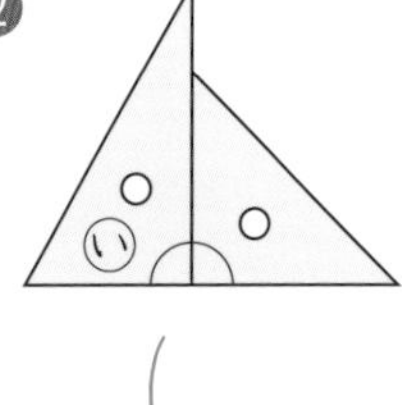

❸

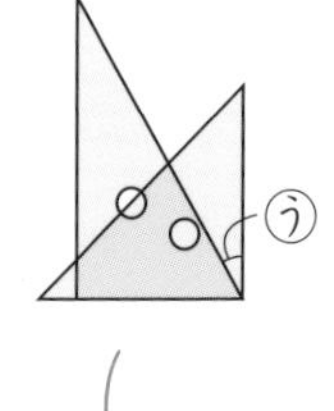

(　　　)　(　　　)　(　　　)

答えは
67ページ

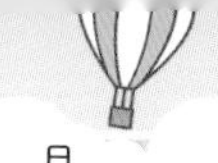

教科書 ㊤ 73～81 ページ　月　日

5 小数のしくみを調べよう

❶ 小数の表し方

❷ 小数のしくみ

／100点

1 水のかさは何Lですか。　1つ10〔20点〕

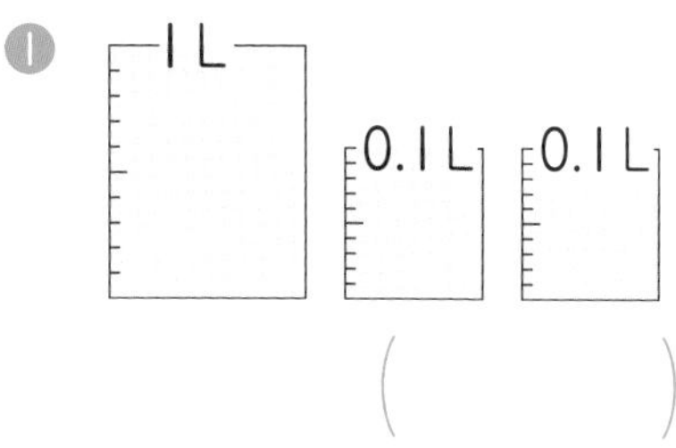

❶ （　　）

❷ 0.1L　0.1L　0.1L　0.1L （　　）

2 ㋐、㋑、㋒のめもりが表す長さは何mですか。　1つ10〔30点〕

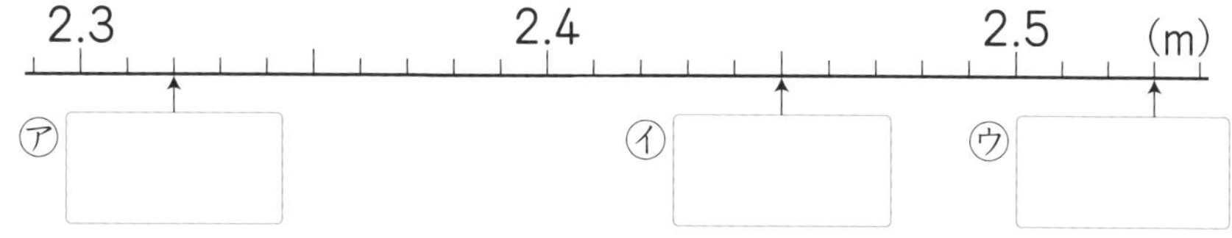

㋐ □　㋑ □　㋒ □

3 3.146 という数について答えましょう。　1つ10〔20点〕

❶ 4は何が何こあることを表していますか。

（　　）

❷ $\frac{1}{1000}$ の位(くらい)の数字は何ですか。　（　　）

4 □にあてはまる数を書きましょう。　1つ15〔30点〕

❶ 3.146 は、1を□こ、0.1を□こ、0.01を□こ、0.001を□こあわせた数です。

❷ 3.146 は、0.001を□こ集めた数です。

答えは
67ページ

教科書 ㊤ 73～81 ページ

月　日

5　小数のしくみを調べよう

❶ 小数の表し方
❷ 小数のしくみ

／100点

1 次の重さを、kg 単位(たんい)で表しましょう。　1つ7〔14点〕

❶ 3kg840g (　　　)　❷ 38g (　　　)

2 ㋐、㋑、㋒、㋓のめもりが表す数を答えましょう。　1つ7〔28点〕

9.9　9.95　10

㋐ □　㋑ □　㋒ □　㋓ □

3 次の㋐～㋔の数を、小さい順(じゅん)にならべて記号で書きましょう。

〔12点〕

㋐ 7.608　㋑ 6.078　㋒ 7.68　㋓ 6.087　㋔ 7.086

(　　→　　→　　→　　→　　)

4 0.65 を 10 倍、100 倍、$\frac{1}{10}$、$\frac{1}{100}$にした数は、それぞれいくつですか。　1つ8〔32点〕

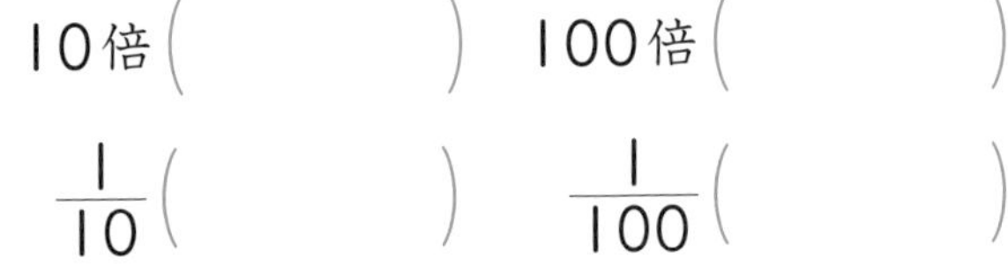

10倍 (　　　)　100倍 (　　　)

$\frac{1}{10}$ (　　　)　$\frac{1}{100}$ (　　　)

5 次の数は、0.01 を何こ集めた数ですか。　1つ7〔14点〕

❶ 0.17 (　　　)　❷ 3.5 (　　　)

答えは
67ページ

教科書 ㊤ 82～86 ページ

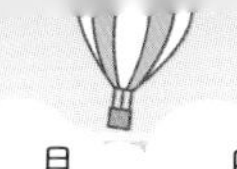

月　日

5　小数のしくみを調べよう

❸ 小数のたし算とひき算

／100点

1 計算をしましょう。　1つ6〔54点〕

❶ 4.62 + 2.73

❷ 0.86 + 0.56

❸ 1.725 + 3.438

❹ 1.07 + 0.854

❺ 0.043 + 0.057

❻ 6.24 − 3.73

❼ 4.57 − 3.86

❽ 11.43 − 4.8

❾ 12.39 − 4.79

2 計算をしましょう。　1つ10〔30点〕

❶ 14.6＋4.28　❷ 0.5−0.28　❸ 1−0.853

3 重さ0.56kgの箱に、4.57kgのりんごを入れます。全体の重さは何kgになりますか。

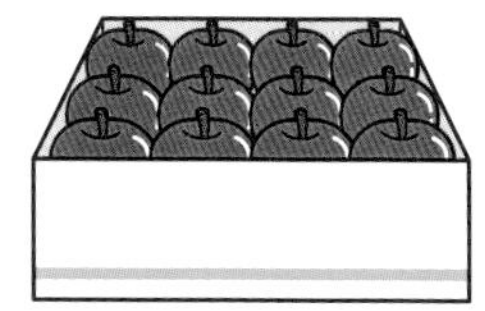

【式】　1つ8〔16点〕

答え（　　　　）

答えは
67ページ

教科書 ㊤ 82～86 ページ

月　　日

5　小数のしくみを調べよう

❸ 小数のたし算とひき算

／100点

1 計算をしましょう。　1つ6〔18点〕

❶
```
   6.94
 +0.781
```

❷
```
   13.6
 −  9.84
```

❸
```
   5.98
 −0.891
```

2 計算をしましょう。　1つ9〔54点〕

❶ 0.72＋3.98　❷ 0.754＋6.39　❸ 37＋4.68

❹ 13.6−9.84　❺ 21−0.73　❻ 8−2.743

3 牛にゅうがびんに 2.13L、コップに 0.45L 入っています。　1つ7〔28点〕

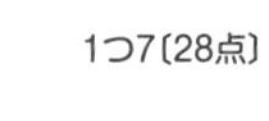

❶　あわせて何L ありますか。

【式】

答え（　　　　）

❷　ちがいは何L ですか。

【式】

答え（　　　　）

答えは 67ページ

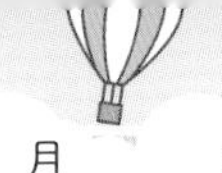

教科書 ㊤ 92〜93 ページ　　月　　日

そろばん

／100点

1 そろばんに、次の数を入れます。入れるたまをぬりましょう。

1つ15〔60点〕

❶ 3474800（m）
月の直径（ちょっけい）

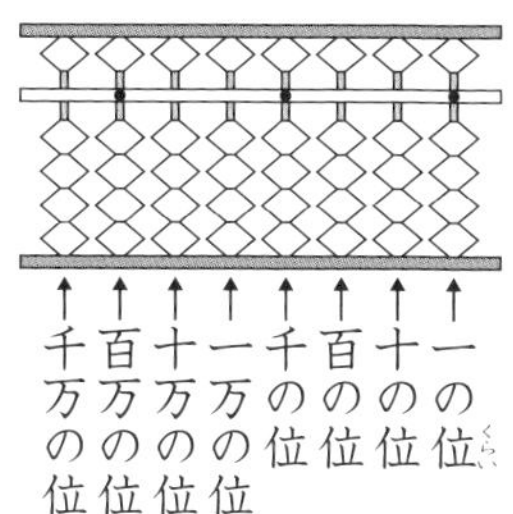

❷ 12756200（m）
地球の直径

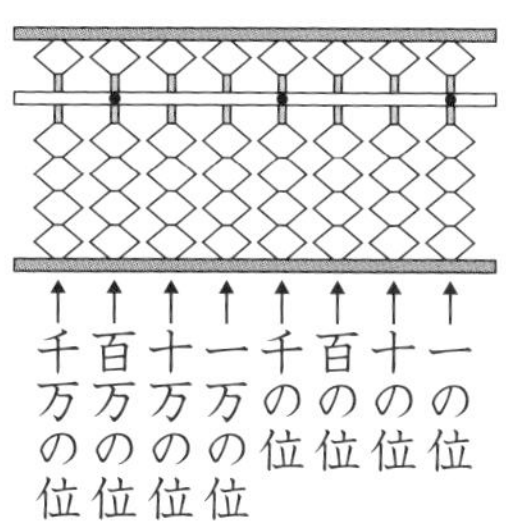

❸ 22.6（mm）
100円玉の直径

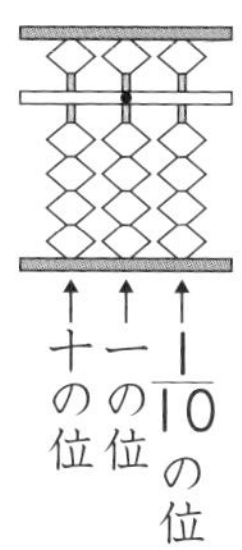

❹ 36.7（度）
夏のある日の気温

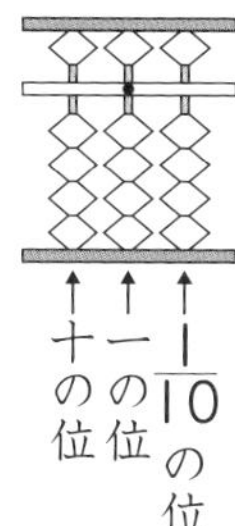

2 そろばんを使って、計算しましょう。

1つ10〔40点〕

❶ 2.3＋4.56

❷ 3.8＋7

❸ 6.5−3.28

❹ 4−2.6

答えは
67ページ

教科書 上 92～93 ページ

月　日

そろばん

／100点

1 そろばんを使って、計算しましょう。　1つ5〔20点〕

❶ 66＋28　❷ 243＋325

❸ 62－37　❹ 647－443

2 そろばんを使って、計算しましょう。　1つ5〔80点〕

❶ 4.12＋3.81　❷ 1.9＋4.26

❸ 2.39＋5.52　❹ 4.4＋8

❺ 40 億(おく)＋30 億　❻ 24 億＋13 億

❼ 2 兆(ちょう)＋6 兆　❽ 17 兆＋42 兆

❾ 7.69－4.38　❿ 1.01－0.09

⓫ 0.8－0.65　⓬ 7－3.6

⓭ 8 億－4 億　⓮ 60 億－40 億

⓯ 64 兆－43 兆　⓰ 58 兆－32 兆

答えは 67ページ

月　　　日

6　わり算の筆算を考えよう

❶ 何十でわる計算

／100点

1 計算をしましょう。　1つ5〔30点〕

① 60÷30　　② 270÷90

③ 420÷70　　④ 360÷40

⑤ 200÷50　　⑥ 450÷90

2 計算をしましょう。あまりも出しましょう。　1つ5〔50点〕

① 80÷50　　② 50÷30

③ 440÷80　　④ 160÷70

⑤ 230÷50　　⑥ 760÷80

⑦ 410÷70　　⑧ 640÷90

⑨ 200÷30　　⑩ 500÷60

3 1本60円のえん筆を何本か買うと、代金が360円でした。えん筆を何本買いましたか。　1つ10〔20点〕

【式】

答え（　　　　）

答えは
67ページ

6 わり算の筆算を考えよう

❶ 何十でわる計算

／100点

1 計算をしましょう。 1つ5〔30点〕

❶ 80÷20　　❷ 320÷80

❸ 630÷90　　❹ 480÷80

❺ 300÷60　　❻ 200÷40

2 計算をしましょう。あまりも出しましょう。 1つ5〔50点〕

❶ 30÷20　　❷ 70÷50

❸ 260÷70　　❹ 380÷40

❺ 130÷30　　❻ 650÷80

❼ 570÷70　　❽ 440÷70

❾ 100÷30　　❿ 800÷90

3 1さつ90円のノートがあります。600円ではこのノートは何さつ買えて、何円あまりますか。 1つ10〔20点〕

【式】

答え（　　　　　　　　　　）

答えは 68ページ

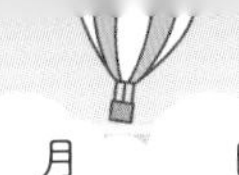

教科書 ㊤ 97～103 ページ

月　　日

6　わり算の筆算を考えよう
❷ 2けたの数でわる筆算 (1)

／100点

1 計算をしましょう。　1つ8〔72点〕

❶ 32)67　❷ 13)39　❸ 24)98

❹ 27)93　❺ 15)77　❻ 29)86

❼ 43)309　❽ 54)425　❾ 24)182

2 計算をしましょう。また、答えのけん算について、□にあてはまる数を書きましょう。　1つ7〔28点〕

❶ 85÷26　❷ 70÷18

26×□＋□＝□　18×□＋□＝□

答えは
68ページ

教科書 上 97〜103 ページ

月　　日

6　わり算の筆算を考えよう

❷ 2けたの数でわる筆算(1)

／100点

1 計算をしましょう。　1つ10〔60点〕

❶ 17)87　　❷ 28)65　　❸ 74)281

❹ 43)402　　❺ 29)230　　❻ 52)312

2 計算をしましょう。また、答えのけん算をしましょう。

❶ 96÷23　　❷ 74÷19　　1つ7〔28点〕

けん算(　　　　)　　けん算(　　　　)

3 おはじきが363こあります。このおはじきを1人に45こずつ分けると、何人に分けられて、何こあまりますか。　1つ6〔12点〕

【式】

答え(　　　　)

答えは68ページ

月　　日

6 わり算の筆算を考えよう

❸ 2けたの数でわる筆算(2)
❹ わり算のせいしつ

／100点

1 計算をしましょう。　1つ8〔72点〕

❶ 23)581　❷ 14)652　❸ 53)901

❹ 37)898　❺ 12)392　❻ 21)647

❼ 136)544　❽ 286)729　❾ 312)952

2 わり算のせいしつを使って、くふうして計算します。□にあてはまる数を書きましょう。　1つ14〔28点〕

❶ 240÷40

＝24÷□＝□

❷ 700÷35

＝□÷5＝□

答えは
68ページ

教科書 ㊤ 104～108 ページ

月　日

6 わり算の筆算を考えよう

❸ 2けたの数でわる筆算(2)

❹ わり算のせいしつ

／100点

1 計算をしましょう。 1つ10〔60点〕

❶ 32)991　❷ 14)560　❸ 227)987

❹ 80)3200　❺ 90)4700　❻ 400)5500

2 りんごが275こあります。13この箱に同じ数ずつ分けて入れると、1箱は何こになって、何こあまりますか。 1つ10〔20点〕

【式】

答え（　　　　）

3 ある数を40でわったら、商が23で、あまりが20になりました。この数を60でわったときの答えを求(もと)めましょう。1つ10〔20点〕

【式】

答え（　　　　）

答えは68ページ

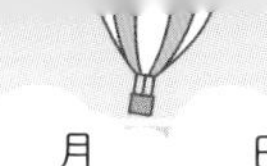

月　日

10分

倍の見方

／100点

1 りくさんは一輪車（いちりんしゃ）で 4m、はなさんは 12m 進みました。はなさんが進んだきょりは、りくさんが進んだきょりの何倍ですか。

【式】　1つ15〔30点〕

答え（　　　）

2 はさみのねだんは 420 円で、えん筆のねだんの 7 倍です。えん筆のねだんは何円ですか。　1つ15〔30点〕

【式】

答え（　　　）

3 30cm のゴムひも A（エー）と 90cm のゴムひも B（ビー）があります。それぞれ、いっぱいまでのばすと、ゴムひも A の長さは 120cm、ゴムひも B の長さは 180cm になりました。　1つ10〔40点〕

❶ ゴムひも A とゴムひも B の、のばした後の長さは、それぞれ、のばす前の長さの何倍になっていますか。

【式】

答え　A（　　　）　B（　　　）

❷ ゴムひも A とゴムひも B では、どちらがよくのびるといえますか。

（　　　）

答えは 68ページ

月　日

倍の見方

／100点

1 体長 4 cm のかえるが、1 回のジャンプで体長の 15 倍のきょりをとびました。このかえるがとんだきょりは何 cm ですか。

【式】　　1つ15〔30点〕

答え（　　　）

2 すいかのねだんは、りんごのねだんの 9 倍で、1080 円です。りんごのねだんは何円ですか。　　1つ15〔30点〕

【式】

答え（　　　）

3 ゴムひも A（エー）とゴムひも B（ビー）があります。それぞれいっぱいまでのばすと、ゴムひも A は 60 cm から 120 cm に、ゴムひも B は 30 cm から 90 cm にのびました。ゴムひも A と B では、どちらがよくのびるといえますか。　　〔20点〕

（　　　）

4 あるスーパーマーケットでは、玉ねぎとトマトのねだんを右のようにねあげしました。どちらのほうが大きくねあがりしたといえますか。　　〔20点〕

	ねあげ前	ねあげ後
玉ねぎ	15 円	60 円
トマト	45 円	90 円

（　　　）

答えは 68ページ

教科書 上 119～125 ページ　　月　　日

7　およその数の表し方と使い方を調べよう

❶ およその数の表し方

／100点

1 東市の人口は 83475 人で、西市の人口は 87052 人です。それぞれ約何万人といえばよいでしょうか。　1つ10〔20点〕

80000　83475　87052　90000

東市（　　　）　西市（　　　）

2 次の数の千の位の数字を四捨五入して、約何万とがい数で表しましょう。　1つ10〔30点〕

❶ 71835　❷ 27531　❸ 578432

（　　　）（　　　）（　　　）

3 次の数を四捨五入して、一万の位までのがい数にしましょう。　1つ10〔40点〕

❶ 63501（　　　）　❷ 789153（　　　）

❸ 46391（　　　）　❹ 123567（　　　）

4 四捨五入して、上から 2 けたのがい数にすると、74000 になる数を下の㋐～㋕の中から選びましょう。　〔10点〕

㋐ 74536　㋑ 73479　㋒ 73606

㋓ 73820　㋔ 74555　㋕ 74022

（　　　）

答えは 68ページ

教科書 ㊤ 119〜125 ページ

月　日

7　およその数の表し方と使い方を調べよう

❶ およその数の表し方

／100点

1 次の数を四捨五入して、上から１けたのがい数にしましょう。　1つ8〔24点〕

❶ 43068　(　　　)　❷ 85631　(　　　)　❸ 1729　(　　　)

2 次の数を四捨五入して、上から２けたのがい数にしましょう。　1つ8〔24点〕

❶ 5739　(　　　)　❷ 18064　(　　　)　❸ 497153　(　　　)

3 四捨五入して、十の位までのがい数にすると 60 になる整数のうち、いちばん小さい数といちばん大きい数はいくつですか。下の数直線を見て考えましょう。　1つ10〔20点〕

50　55　60　65　70

いちばん小さい数 (　　　)　いちばん大きい数 (　　　)

4 次のはんいにあてはまる数を全部答えましょう。　1つ10〔20点〕

❶ 3 以上 7 以下の整数　(　　　)　❷ 5 以上 10 未満の整数　(　　　)

5 四捨五入して、百の位までのがい数にすると、300 になる数のはんいを、以上、未満を使って表しましょう。　〔12点〕

(　　　)

答えは
69ページ

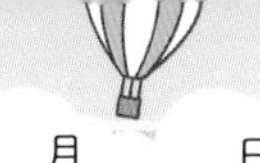

教科書 ㊤ 126〜128 ページ

月　　日

10分

7　およその数の表し方と使い方を調べよう

❷ がい数を使った計算

／100点

1 かおりさんたち３人は、遠足のおかしを買いに行きました。右の表を見て、下の問題に答えましょう。一の位の数字を四捨五入して、答えを見積もりましょう。　1つ20〔60点〕

おかしの種類	金がく
チョコレート	96円
ガ　ム	89円
あ　め	26円
クッキー	193円
ポテトチップス	148円

❶ かおりさんは、チョコレートとあめとクッキーを買いました。代金の合計はおよそいくらになりますか。

（　　　　　）

❷ れいこさんは、ガムとあめとポテトチップスを買いました。代金の合計はおよそいくらになりますか。

（　　　　　）

❸ おさむさんは、クッキーとポテトチップスを買い、代金を1000円札ではらいます。おつりはおよそいくらになりますか。

（　　　　　）

2 四捨五入して百の位までのがい数にして、答えを見積もりましょう。　1つ10〔40点〕

❶ 385＋185

❷ 857＋236＋1615

❸ 713−429

❹ 1000−124−603

答えは
69ページ

月　　日

7　およその数の表し方と使い方を調べよう

❷ がい数を使った計算

／100点

1 41人の子どもに、1本68円の牛にゅうを配るときの牛にゅう代はおよそいくらになりますか。41、68を、それぞれ四捨五入して上から1けたのがい数にして、積を見積もりましょう。〔20点〕

(　　　　　)

2 給食のカレーライス用の肉を、全校生徒498人分として、41200g用意しました。1人分の肉はおよそ何gになりますか。498、41200を、それぞれ四捨五入して上から1けたのがい数にして、商を見積もりましょう。〔20点〕

(　　　　　)

3 四捨五入して上から1けたのがい数にして、積や商を見積もりましょう。1つ10〔60点〕

❶ 295×412

❷ 689×5092

❸ 304×28

❹ 5831÷27

❺ 787÷37

❻ 28241÷29

答えは
69ページ

教科書 ㊦ 3～12 ページ　　月　　日

8　計算のやくそくを調べよう

❶ 計算の順じょ
❷ 計算のきまりとくふう

／100点

1 計算をしましょう。　1つ8〔64点〕

① 500－(400＋50)　　② (8＋27)×6

③ 20÷(12－7)　　④ 65＋7×5

⑤ 500－150×2　　⑥ 8×5＋36÷9

⑦ 20÷4×(12＋28)　　⑧ 37＋(70－45)×2

2 くふうして計算しましょう。　1つ8〔16点〕

① 98×9　　② 8.7＋3.9＋2.3

3 1本60円のジュースと、1こ30円のおかしを組にして買います。26組買うと、代金はいくらですか。(　)を使って、1つの式に表して、答えを求(もと)めましょう。　1つ10〔20点〕

【式】

答え(　　　　)

答えは69ページ

教科書 ㊦ 3〜12 ページ　　月　　日　　10分

8　計算のやくそくを調べよう

❶ 計算の順じょ

❷ 計算のきまりとくふう

／100点

1 計算をしましょう。　1つ8〔64点〕

❶ 610−(370＋86)　　❷ 32×(70−55)

❸ 400−95×4　　❹ 600＋360÷6

❺ 9×4＋16÷4　　❻ (9×4＋16)÷4

❼ 24＋16×5÷8　　❽ (24＋16)×5÷8

2 くふうして計算しましょう。　1つ8〔16点〕

❶ 53＋4.2＋5.8　　❷ 8×4×25

3 1 さつ 80 円のノートを 4 さつ買って、500 円玉を出しました。おつりはいくらですか。1 つの式に表して、答えを求め(もと)ましょう。　1つ10〔20点〕

【式】

答え（　　　　　）

答えは 69ページ

教科書 ㊦ 15～24 ページ　　月　　日

9　直線の交わり方やならび方に注目して調べよう

❶ 直線の交わり方

❷ 直線のならび方

／100点

1 下の図の㋐～㋓で、２本の直線が垂直(すいちょく)になっているものはどれとどれですか。　1つ10〔20点〕

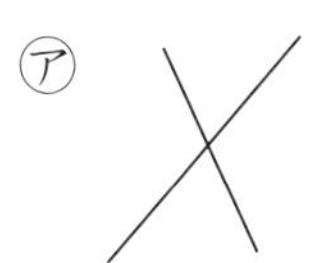

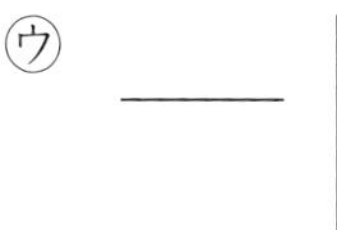

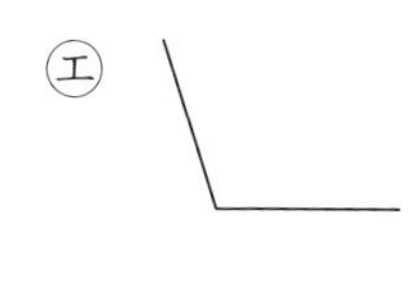

（　　　　、　　　　）

2 右の図で、㋐の直線に垂直な直線はどれとどれですか。　1つ15〔30点〕

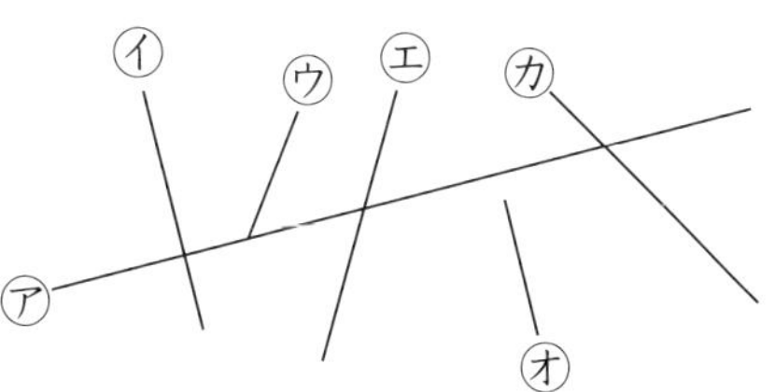

（　　　　、　　　　）

3 右の四角形 ABCD(エービーシーディー) は長方形です。辺(へん) AB と平行な辺はどれですか。　〔20点〕

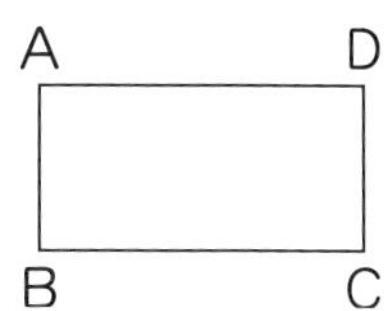

（　　　　）

4 右の図の㋐～㋕の直線について、答えましょう。　1つ15〔30点〕

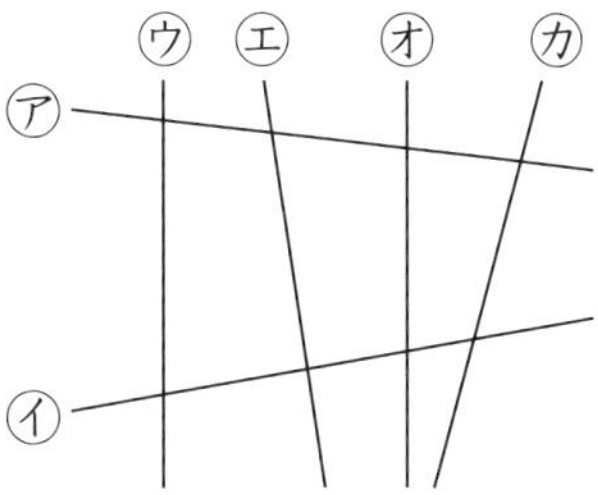

❶ 平行になっている直線はどれとどれですか。（　　　　）

❷ はばがどこも等しくなっている直線はどれとどれですか。

（　　　　）

答えは 69ページ

月　　日

9　直線の交わり方やならび方に注目して調べよう

❶ 直線の交わり方

❷ 直線のならび方

／100点

1 右の四角形ABCD（エービーシーディー）は長方形です。辺（へん）ABと垂直（すいちょく）な辺はどれとどれですか。　1つ8〔16点〕

（　　　　、　　　　）

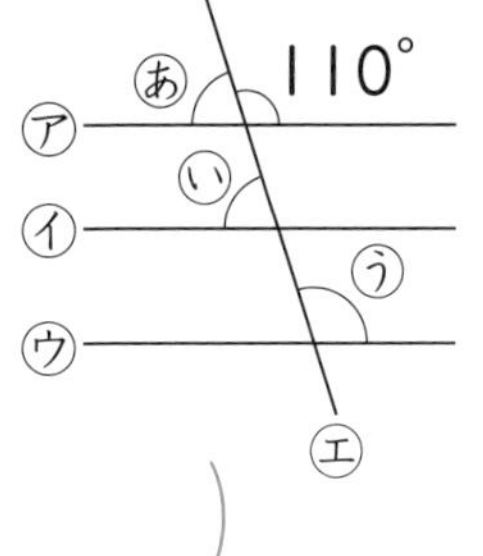

2 右の図の㋐～㋓の直線のうち、㋐と㋑と㋒の直線は平行です。㋐～㋒の角度は、それぞれ何度ですか。　1つ8〔24点〕

㋐（　　　　）　㋑（　　　　）　㋒（　　　　）

3 2まいの三角じょうぎを使って、点Aを通り、㋐の直線に垂直な直線をひきましょう。　1つ15〔30点〕

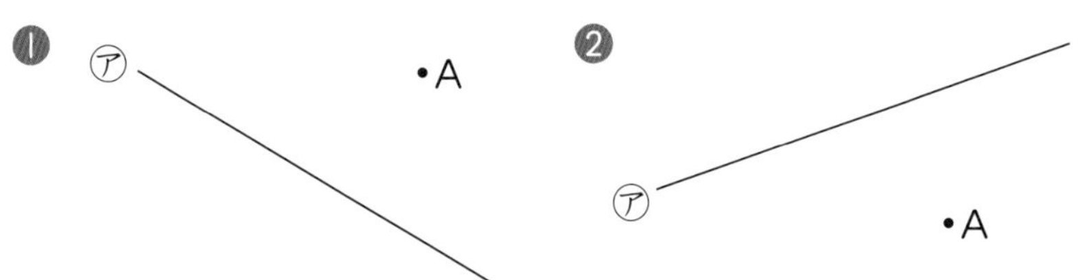

4 2まいの三角じょうぎを使って、点Aを通り、㋐の直線に平行な直線をひきましょう。　1つ15〔30点〕

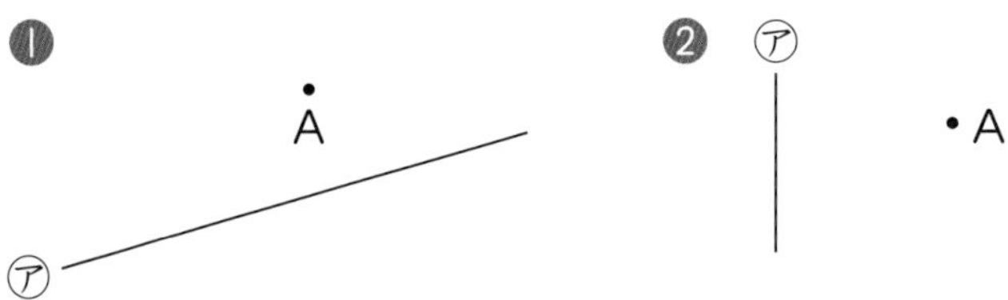

答えは
69ページ

9 直線の交わり方やならび方に注目して調べよう

❸ いろいろな四角形

❹ 対角線と四角形の特ちょう

／100点

1 右の平行四辺形（へいこうしへんけい）について答えましょう。　1つ12〔48点〕

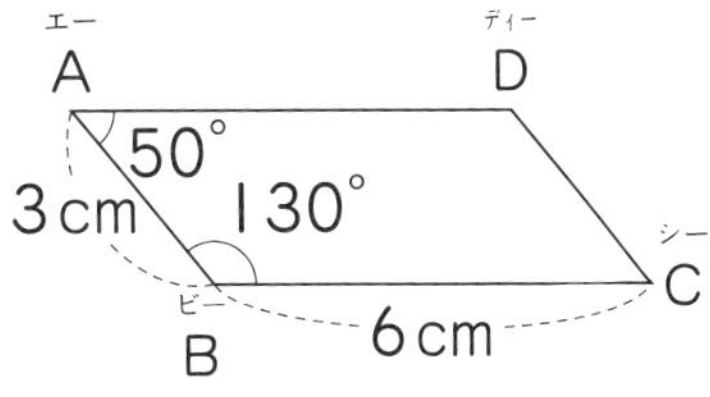

❶ 辺AD、辺CDの長さは何cmですか。

辺AD（　　　　）　辺CD（　　　　）

❷ 角C、角Dの大きさは何度ですか。

角C（　　　　）　角D（　　　　）

2 下の図のような平行四辺形をかきましょう。　〔22点〕

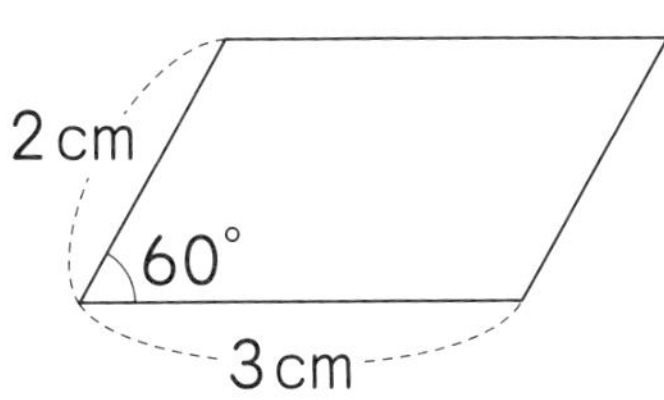

3 右の図の四角形について答えましょう。　1つ10〔30点〕

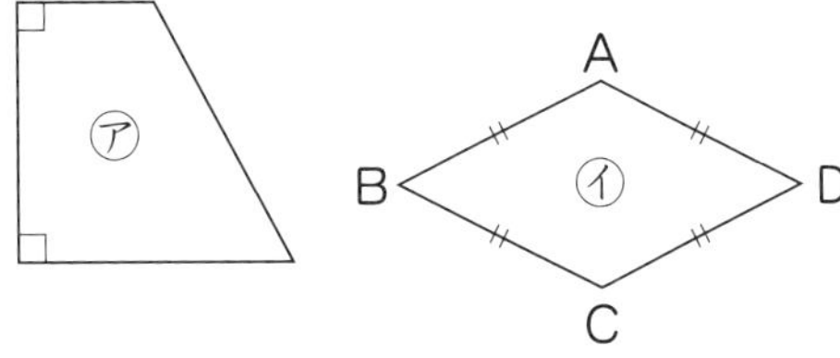

❶ ㋐、㋑の四角形の名前を書きましょう。

㋐（　　　　）　㋑（　　　　）

❷ ㋑の四角形で、辺ABに平行な辺はどれですか。

（　　　　）

答えは69ページ

9　直線の交わり方やならび方に注目して調べよう

❸ いろいろな四角形
❹ 対角線と四角形の特ちょう

／100点

1 右の図について答えましょう。　1つ15〔30点〕

❶ 3つの点A、B、Cを頂点とする平行四辺形は、全部でいくつかけますか。

（　　　　）

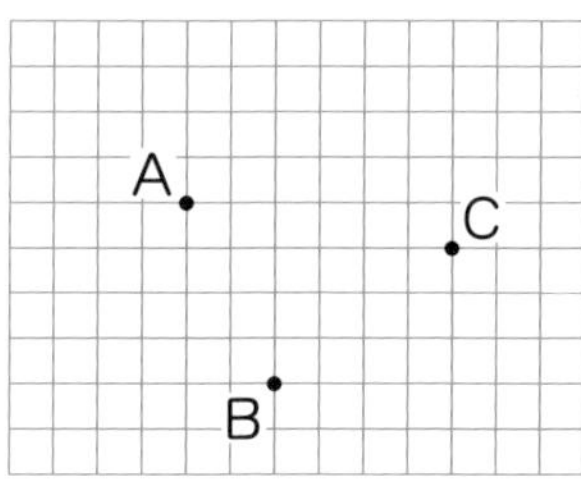

❷ ❶の平行四辺形のうち、ABとBCを2辺とするものを右の図にかきましょう。

2 右の図のように、長方形の紙を直線㋐で切り分けます。　1つ14〔28点〕

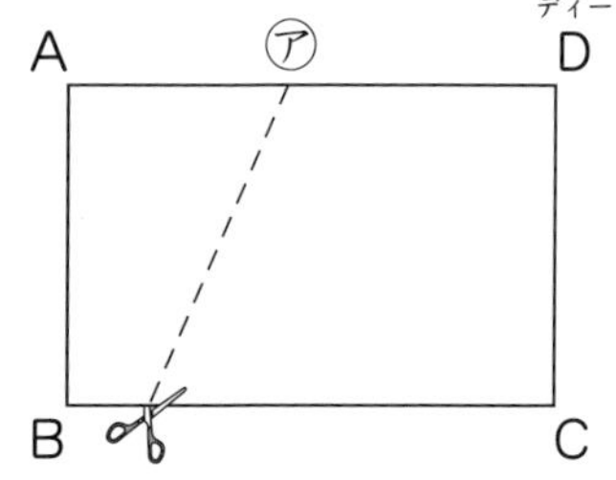

❶ どんな四角形ができますか。

（　　　　）

❷ 切り分けてできた図形を、うら返さないで四角形の辺ABが辺DCと合うようにならべると、どんな四角形ができますか。

（　　　　）

3 四角形の対角線が下のようになっています。それぞれ何という四角形ですか。　1つ14〔42点〕

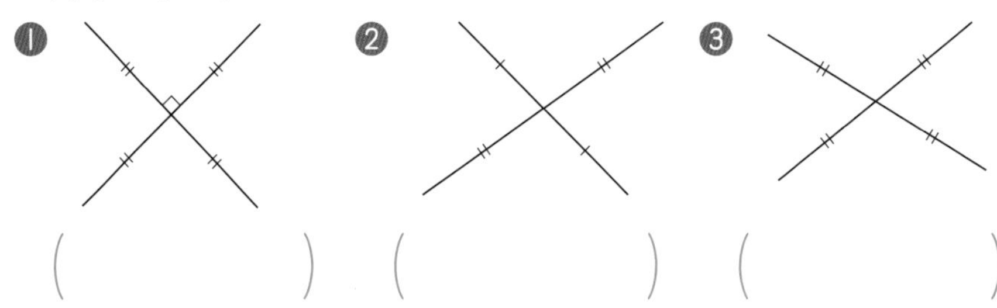

❶（　　　　）　❷（　　　　）　❸（　　　　）

答えは70ページ

教科書 ㊦ 37〜43ページ　　月　　日

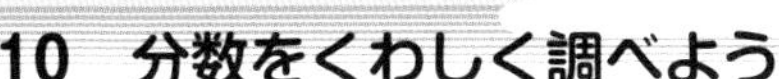

10　分数をくわしく調べよう

❶ 分数の表し方
❷ 分母がちがう分数の大きさ

／100点

1 右の水のかさは何Lですか。帯分数（たいぶんすう）と仮分数（かぶんすう）の両方で表しましょう。　1つ5〔10点〕

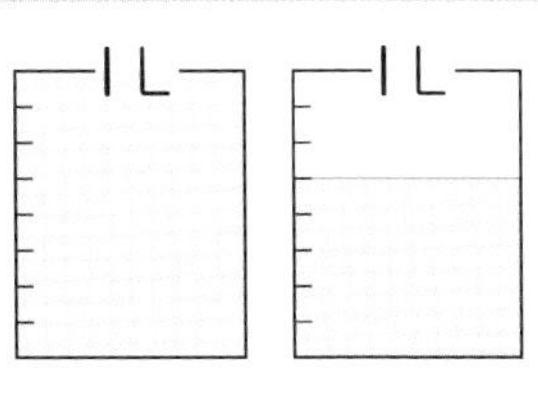

帯分数（　　　　）　仮分数（　　　　）

2 次の分数を、真分数、仮分数、帯分数に分けましょう。　1つ8〔24点〕

$\frac{1}{3}$　$\frac{9}{9}$　$1\frac{2}{9}$　$\frac{10}{7}$　$\frac{3}{4}$　$2\frac{5}{7}$　$\frac{7}{4}$　$3\frac{5}{8}$

㋐ 真分数（　　　　）　㋑ 仮分数（　　　　）　㋒ 帯分数（　　　　）

3 次の仮分数を、帯分数か整数になおしましょう。　1つ6〔24点〕

❶ $\frac{20}{4}$（　　　　）　❷ $\frac{16}{7}$（　　　　）

❸ $\frac{21}{5}$（　　　　）　❹ $\frac{71}{9}$（　　　　）

4 次の帯分数を、仮分数になおしましょう。　1つ6〔24点〕

❶ $1\frac{2}{3}$（　　　　）　❷ $4\frac{5}{6}$（　　　　）

❸ $3\frac{1}{2}$（　　　　）　❹ $2\frac{4}{5}$（　　　　）

5 □にあてはまる不等号（ふとうごう）を書きましょう。　1つ9〔18点〕

❶ $\frac{25}{7}$ □ $3\frac{6}{7}$　　❷ $3\frac{5}{9}$ □ $\frac{30}{9}$

答えは70ページ

教科書 ㊦ 37〜43 ページ

月　　日

10　分数をくわしく調べよう

❶ 分数の表し方

❷ 分母がちがう分数の大きさ

／100点

1 下の数直線を見て、問題に答えましょう。　1つ10〔60点〕

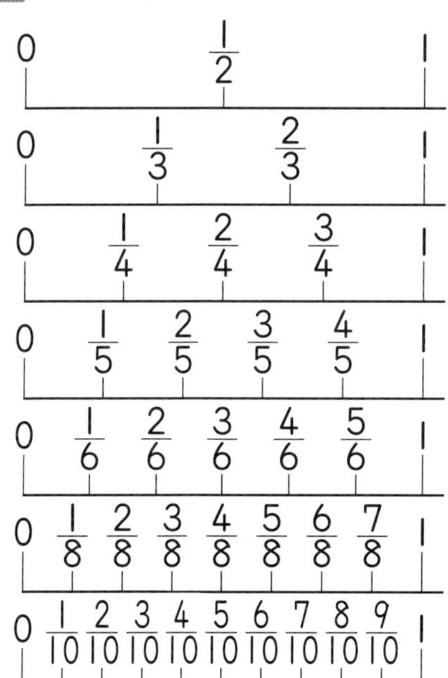

❶ □にあてはまる数を書きましょう。

㋐ $\frac{3}{4}=\frac{\square}{8}$

㋑ $\frac{4}{6}=\frac{\square}{3}$

❷ □にあてはまる不等号(ふとうごう)を書きましょう。

㋐ $\frac{3}{4}$ □ $\frac{3}{5}$

㋑ $\frac{3}{8}$ □ $\frac{3}{6}$

❸ $\frac{4}{8}$ と大きさの等しい分数をすべて書きましょう。

(　　　　　　　　)

❹ 分子が 1 の分数を、小さい順(じゅん)に書きましょう。

(　　　　　　　　)

2 (　)の中の分数を、大きい順に書きましょう。　1つ20〔40点〕

❶ $\left(\frac{2}{9}、\frac{2}{7}、\frac{2}{3}\right)$

(　　、　　、　　)

❷ $\left(\frac{5}{3}、\frac{5}{6}、\frac{5}{5}\right)$

(　　、　　、　　)

答えは 70ページ

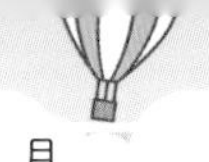

月　　日

10　分数をくわしく調べよう

❸ 分数のたし算とひき算

／100点

1 計算をしましょう。　1つ6〔60点〕

❶ $\frac{4}{7}+\frac{6}{7}$　　❷ $\frac{9}{8}+\frac{7}{8}$

❸ $1\frac{1}{5}+\frac{2}{5}$　　❹ $\frac{5}{6}+2\frac{5}{6}$

❺ $2+3\frac{5}{9}$　　❻ $\frac{6}{9}-\frac{2}{9}$

❼ $\frac{11}{7}-\frac{5}{7}$　　❽ $2\frac{1}{4}-\frac{3}{4}$

❾ $5\frac{7}{8}-1\frac{4}{8}$　　❿ $6\frac{5}{7}-5$

2 ちひろさんは、算数を $\frac{5}{6}$ 時間、国語を $\frac{7}{6}$ 時間勉強しました。あわせて何時間勉強しましたか。　1つ10〔20点〕

【式】

答え（　　　　　）

3 牛にゅうが $1\frac{1}{5}$ L あります。$\frac{2}{5}$ L 飲むと、残り(のこ)は何Lになりますか。　1つ10〔20点〕

【式】

答え（　　　　　）

答えは
70ページ

月　　日

10　分数をくわしく調べよう
❸ 分数のたし算とひき算

／100点

1 計算をしましょう。　1つ8〔64点〕

❶ $\frac{6}{9}+\frac{7}{9}$

❷ $\frac{7}{4}+\frac{1}{4}$

❸ $\frac{5}{7}+2\frac{4}{7}$

❹ $5+3\frac{4}{5}$

❺ $\frac{11}{6}-\frac{5}{6}$

❻ $2\frac{7}{8}-\frac{5}{8}$

❼ $7\frac{1}{4}-6\frac{3}{4}$

❽ $7\frac{6}{7}-4$

2 工作で、はるかさんは $\frac{3}{8}$kg、あきらさんは $\frac{7}{8}$kg のねん土を使いました。　1つ9〔36点〕

❶ 使ったねん土の重さは、あわせると、何kg になりますか。

【式】

答え（　　　　）

❷ どちらがどれだけ多くのねん土を使いましたか。

【式】

答え（　　　　）

答えは
70ページ

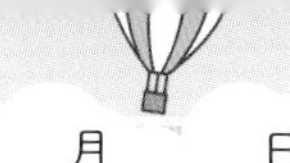

教科書 ㊦ 51～55 ページ　　月　　日

11　変わり方に注目して調べよう

／100点

1 右の図のように、□と○の中に、0から8までの数字が順(じゅん)に書いてあり、はりがまわるようになっている円ばんがあります。　❶❷16、❸17〔49点〕

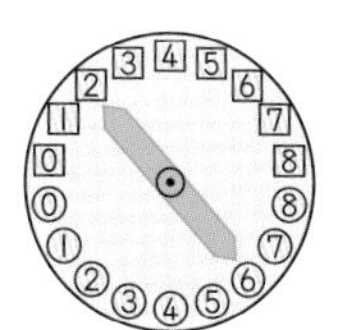

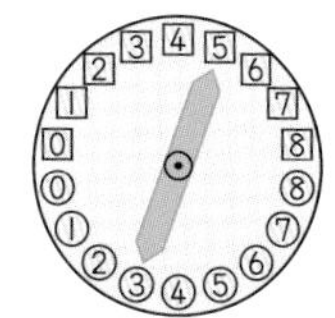

❶ はりの両はしがさす□と○の数を、下の表にまとめましょう。

□の数	0	1	2	3	4	5	6	7	8
○の数			6						

❷ □の数が1ずつふえると、○の数はどのように変(か)わりますか。

(　　　　　　　　　　)

❸ □と○の数の関係(かんけい)を式に表しましょう。

(　　　　　　　　　　)

2 下の表は、20このおはじきをみほさんとしょうたさんで分けるときのそれぞれが受け取る数を表したものです。　1つ17〔51点〕

みほの数　　(こ)	1	2	3	4	5	6	7
しょうたの数(こ)							

❶ 上の表のあいているところに、あてはまる数を書きましょう。

❷ みほさんの数を□こ、しょうたさんの数を○こととして、□と○の関係を式に表しましょう。

(　　　　　　　　　　)

❸ みほさんの数が13このとき、しょうたさんの数は何こですか。

(　　　　　　)

答えは
70ページ

教科書 ㊦ 51～55 ページ

月　　日

11　変わり方に注目して調べよう

／100点

1 たての長さが、横の長さより 5cm 長い長方形をつくります。

1つ25〔50点〕

❶ たての長さを□cm、横の長さを○cm として、□と○の関係を式に表しましょう。

(　　　　　　　　)

❷ ❶のとき、横の長さが 1cm 長くなると、たての長さはどのように変わりますか。

(　　　　　　　　)

2 1辺が 1cm の正方形の、1辺の長さを 2cm、3cm、…と長くして正方形をつくるときの、まわりの長さを考えます。

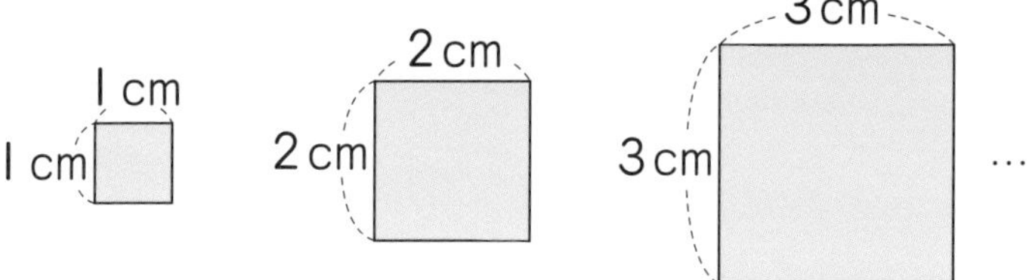

1つ25〔50点〕

❶ 1辺の長さとまわりの長さを、下の表にまとめましょう。

1辺の長さ（cm）	1	2	3	4	5	6	7
まわりの長さ（cm）							

❷ 1辺の長さを□cm、まわりの長さを○cm として、□と○の関係を式に表しましょう。

(　　　　　　　　)

答えは 70ページ

教科書 ㊦ 59～67 ページ　　月　　日

12 広さのくらべ方と表し方を考えよう

❶ 広さのくらべ方と表し方
❷ 長方形と正方形の面積

／100点

1 ㋐～㋕の面積(めんせき)は、それぞれ何 cm^2 ですか。　1つ10〔60点〕

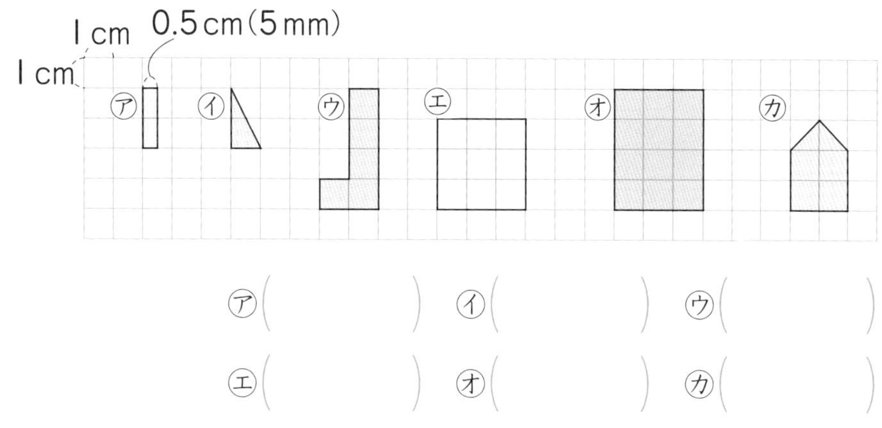

㋐(　　　)　㋑(　　　)　㋒(　　　)

㋓(　　　)　㋔(　　　)　㋕(　　　)

2 次の長方形や正方形の面積は何 cm^2 ですか。　1つ5〔40点〕

❶ たてが 6 cm、横が 12 cm の長方形

【式】

答え(　　　)

❷ 1 辺(ぺん)が 7 cm の正方形

【式】

答え(　　　)

❸ 9 cm、6 cm の長方形

【式】

答え(　　　)

❹ 18 cm、18 cm の正方形

【式】

答え(　　　)

答えは 71 ページ

教科書 ㊦ 59～67 ページ

月　日

12 広さのくらべ方と表し方を考えよう

❶ 広さのくらべ方と表し方
❷ 長方形と正方形の面積

／100点

1 次の正方形や長方形の面積(めんせき)は何 cm^2 ですか。 1つ10〔40点〕

❶ 1辺(ぺん)が 23cm の正方形

【式】

答え（　　　）

❷ たてが 80mm、横が 12cm の長方形

【式】

答え（　　　）

2 面積が $90cm^2$ で、たての長さが 6cm の長方形をかくには、横の長さを何 cm にすればよいでしょうか。 1つ10〔20点〕

6cm　$90cm^2$

【式】

答え（　　　）

3 下の形の、色のついた部分の面積を求(もと)めましょう。 1つ10〔40点〕

❶

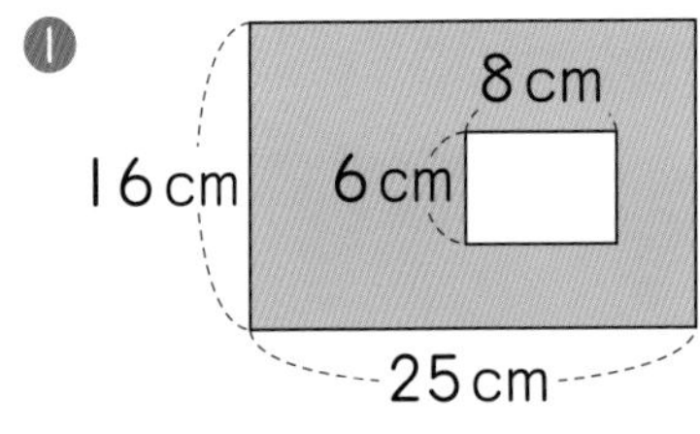

❷

5cm
10cm
10cm
15cm
15cm
5cm
5cm
25cm

【式】

答え（　　　）

【式】

答え（　　　）

答えは 71ページ

月　　日

12　広さのくらべ方と表し方を考えよう

❸ 大きな面積の単位
❹ 辺の長さと面積の関係

／100点

1 1辺が1mの正方形があります。 1つ11〔22点〕

1m(100cm)
1m
(100cm)

❶ この正方形の面積は何m^2ですか。

(　　　　　)

❷ この正方形の面積は何cm^2ですか。

(　　　　　)

2 1辺が10mの正方形があります。 1つ13〔26点〕

10m
10m

❶ この正方形の面積は何m^2ですか。

(　　　　　)

❷ この正方形の面積は何aですか。

(　　　　　)

3 1辺が100mの正方形があります。 1つ13〔26点〕

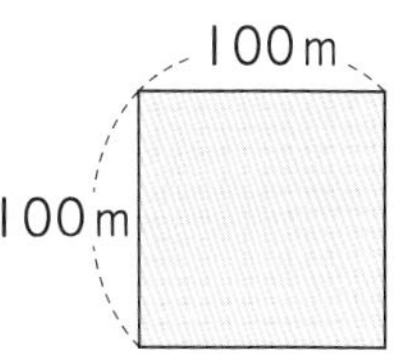

❶ この正方形の面積は何m^2ですか。

(　　　　　)

❷ この正方形の面積は何haですか。

(　　　　　)

4 1辺が1kmの正方形があります。 1つ13〔26点〕

1km(1000m)
1km
(1000m)

❶ この正方形の面積は何km^2ですか。

(　　　　　)

❷ この正方形の面積は何m^2ですか。

(　　　　　)

答えは
71ページ

教科書 ㊦ 68〜73 ページ

月　日

12 広さのくらべ方と表し方を考えよう

❸ 大きな面積の単位
❹ 辺の長さと面積の関係

／100点

1 □にあてはまる数を書きましょう。　1つ10〔40点〕

❶ 2m^2＝□cm^2　❷ 4a＝□m^2

❸ 3ha＝□m^2　❹ 5km^2＝□m^2

2 下の形の、色のついた部分の面積（めんせき）を求（もと）めましょう。　1つ10〔40点〕

❶

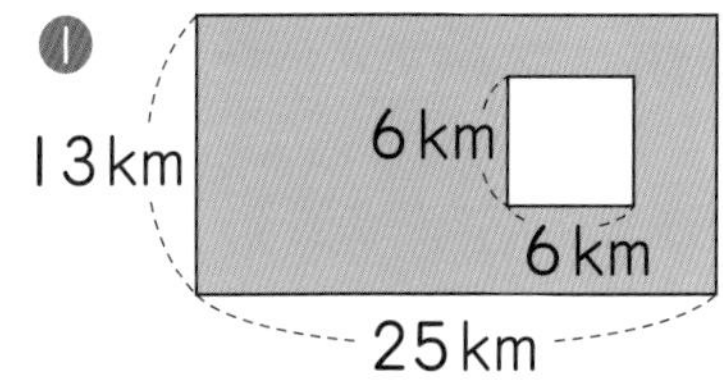

❷

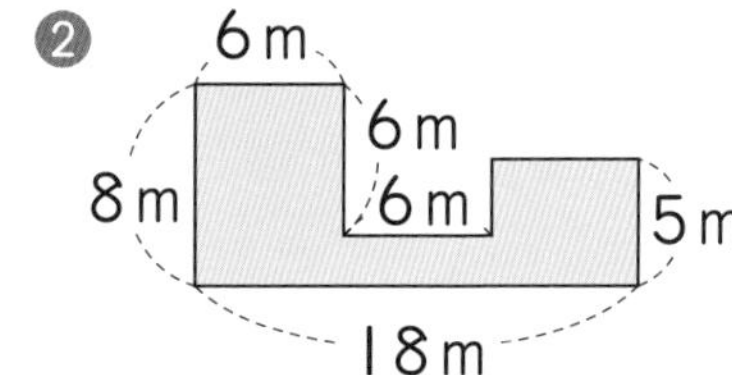

【式】　【式】

答え（　　）　答え（　　）

3 まわりの長さが 16cm になるように、長方形や正方形をつくります。　1つ10〔20点〕

たて（cm）	1	2	3	4	5	6	
横　（cm）	7	6	5				
面積（cm^2）	7	12	15				

❶ 表のあいているところに、あてはまる数を書きましょう。

❷ 面積がいちばん大きくなるのは、たての長さが何cm のときですか。

（　　）

答えは 71ページ

教科書 ㊦ 77～82 ページ　　月　　日

13　小数のかけ算とわり算を考えよう

❶ 小数のかけ算

／100点

1 計算をしましょう。　1つ6〔54点〕

❶ $\begin{array}{r} 0.3 \\ \times\ \ 4 \\ \hline \end{array}$　❷ $\begin{array}{r} 1.4 \\ \times\ \ 6 \\ \hline \end{array}$　❸ $\begin{array}{r} 1.57 \\ \times\ \ \ 9 \\ \hline \end{array}$

❹ $\begin{array}{r} 7.5 \\ \times\ \ 6 \\ \hline \end{array}$　❺ $\begin{array}{r} 2.73 \\ \times\ \ \ 5 \\ \hline \end{array}$　❻ $\begin{array}{r} 0.48 \\ \times\ \ \ 7 \\ \hline \end{array}$

❼ $\begin{array}{r} 6.9 \\ \times 73 \\ \hline \end{array}$　❽ $\begin{array}{r} 50.3 \\ \times\ 16 \\ \hline \end{array}$　❾ $\begin{array}{r} 3.65 \\ \times\ 38 \\ \hline \end{array}$

2 計算をしましょう。　1つ10〔30点〕

❶ 6.5×9　❷ 57.4×30　❸ 6.83×401

3 0.8Lの水が入っているペットボトル15本分の水を、バケツに入れました。バケツには何Lの水が入っていますか。　1つ8〔16点〕

【式】

答え（　　　　）

答えは
71ページ

月　　日

13　小数のかけ算とわり算を考えよう

❶ 小数のかけ算

／100点

1 計算をしましょう。　1つ7〔63点〕

❶ $\begin{array}{r} 3.8 \\ \times \quad 4 \\ \hline \end{array}$　❷ $\begin{array}{r} 18.2 \\ \times \quad 5 \\ \hline \end{array}$　❸ $\begin{array}{r} 0.9 \\ \times \quad 8 \\ \hline \end{array}$

❹ $\begin{array}{r} 0.8 \\ \times 49 \\ \hline \end{array}$　❺ $\begin{array}{r} 7.5 \\ \times 28 \\ \hline \end{array}$　❻ $\begin{array}{r} 0.18 \\ \times \quad 4 \\ \hline \end{array}$

❼ $\begin{array}{r} 9.65 \\ \times \quad 76 \\ \hline \end{array}$　❽ $\begin{array}{r} 0.512 \\ \times \quad 875 \\ \hline \end{array}$　❾ $\begin{array}{r} 0.375 \\ \times \quad 24 \\ \hline \end{array}$

2 計算をしましょう。　1つ7〔21点〕

❶ 4.6×2+8　❷ 0.7+19.5×6　❸ (5.61−4.3)×2

3 1mの重さが2.35kgの鉄のぼうがあります。
この鉄のぼう14mの重さは何kgですか。1つ8〔16点〕

【式】

答え（　　　）

答えは
71ページ

月　　日

10分

13　小数のかけ算とわり算を考えよう

❷ 小数のわり算

／100点

1 わりきれるまで計算しましょう。　1つ9〔54点〕

❶ 4)5.2

❷ 6)82.8

❸ 9)21.6

❹ 9)7.2

❺ 23)48.3

❻ 8)2

2 商は一の位(くらい)まで求(もと)めて、あまりも出しましょう。また、答えのけん算について、□にあてはまる数を書きましょう。　1つ7〔28点〕

❶ 74.9÷9

❷ 60.8÷16

9×□＋□＝□

16×□＋□＝□

3 6.5Lのジュースを5人で等分すると、1人分は何Lになりますか。　1つ9〔18点〕

【式】

答え（　　　　）

答えは 71ページ

月　　日

13　小数のかけ算とわり算を考えよう

❷ 小数のわり算

／100点

1 わりきれるまで計算しましょう。　1つ9〔54点〕

① $3\overline{)8.1}$　② $5\overline{)4.35}$　③ $65\overline{)45.5}$

④ $58\overline{)0.232}$　⑤ $4\overline{)26}$　⑥ $48\overline{)3.6}$

2 商は一の位(くらい)まで求(もと)めて、あまりも出しましょう。　1つ10〔30点〕

① $3\overline{)50.4}$　② $8\overline{)23.4}$　③ $35\overline{)77.9}$

3 39.7m のテープを 24 人で等分すると、1 人分はおよそ何 m になりますか。答えは四捨五入(ししゃごにゅう)して、上から 2 けたのがい数で求めましょう。　1つ8〔16点〕

【式】

答え（　　　　　）

答えは
71ページ

教科書 ㊦ 92〜94 ページ

月　　日

13　小数のかけ算とわり算を考えよう

❸ 小数の倍

／100点

1 リボンが３本あります。下の図を見て、次の問題に答えましょう。

1つ12〔48点〕

❶ 緑のリボンの長さは、赤のリボンの長さの何倍ですか。

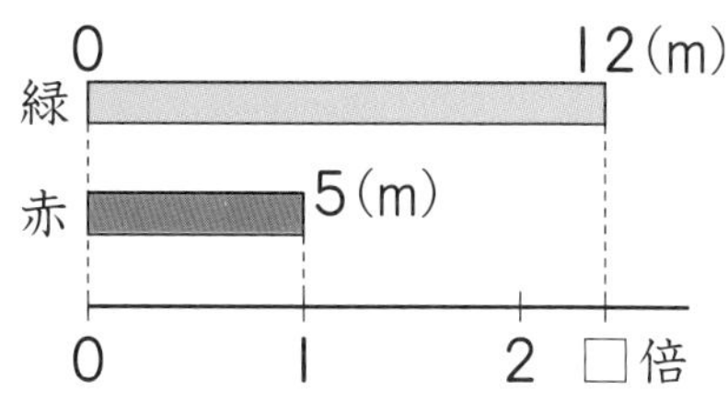

【式】

答え（　　　　）

❷ 青のリボンの長さは、赤のリボンの長さの何倍ですか。

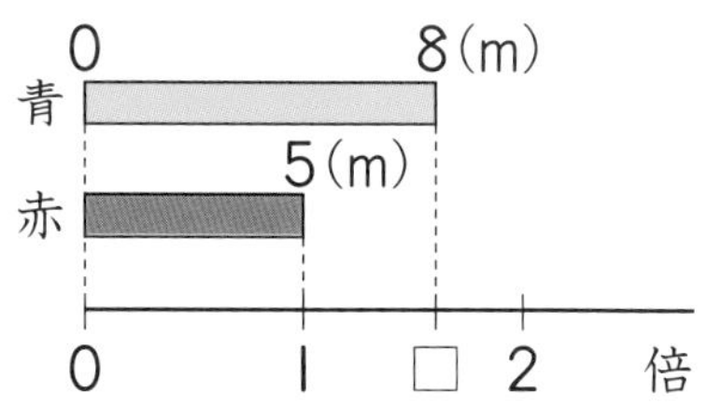

【式】

答え（　　　　）

2 図かんのねだんは 2700 円で、物語の本のねだんは 600 円です。図かんのねだんは、物語の本のねだんの何倍ですか。

【式】

1つ13〔26点〕

答え（　　　　）

3 ひろしさんの体重は 35kg で、お母さんの体重は 50kg です。ひろしさんの体重は、お母さんの体重の何倍ですか。

1つ13〔26点〕

【式】

答え（　　　　）

答えは
72ページ

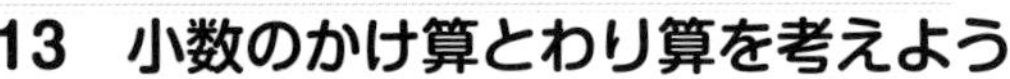

月　日

13　小数のかけ算とわり算を考えよう

❸ 小数の倍

／100点

1 右の表のような長さのリボンが４本あります。　1つ12〔72点〕

	長さ(m)
㋐	4
㋑	14
㋒	10
㋓	8

❶ ㋑のリボンの長さは、㋐のリボンの長さの何倍ですか。

【式】

答え（　　　　）

❷ ㋒のリボンの長さは、㋐のリボンの長さの何倍ですか。

【式】

答え（　　　　）

❸ ㋐のリボンの長さは、㋓のリボンの長さの何倍ですか。

【式】

答え（　　　　）

2 右の長方形のたての長さは、横の長さの何倍ですか。　1つ14〔28点〕

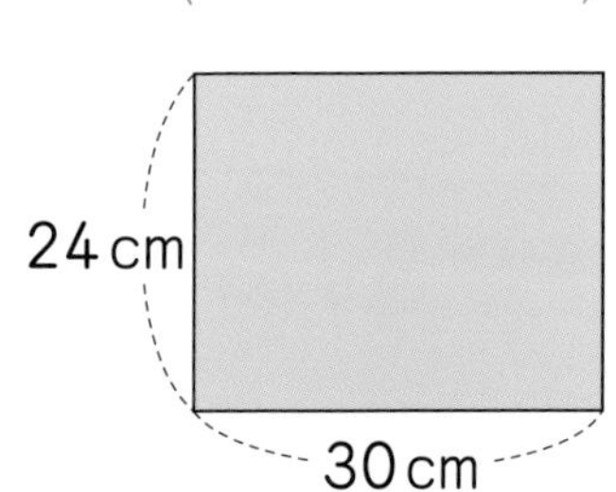

【式】

答え（　　　　）

答えは
72ページ

教科書 ㊦ 101〜105 ページ　　月　　日

14　箱の形の特ちょうを調べよう

❶ 直方体と立方体

／100点

1 下の図で、㋐は長方形だけでかこまれた形、㋑は正方形だけでかこまれた形、㋒は長方形と正方形でかこまれた形です。1つ11〔88点〕

㋐　㋑　㋒

❶ ㋐、㋑、㋒は、それぞれ何という形ですか。

㋐（　　）　㋑（　　）　㋒（　　）

❷ ㋐について、面、辺(へん)、頂点(ちょうてん)の数を答えましょう。

面の数（　　）　辺の数（　　）　頂点の数（　　）

❸ ㋒について、長方形の面と正方形の面の数を答えましょう。

長方形（　　）　正方形（　　）

2 下の図で、直方体の正しい展開図(てんかいず)はどれですか。〔12点〕

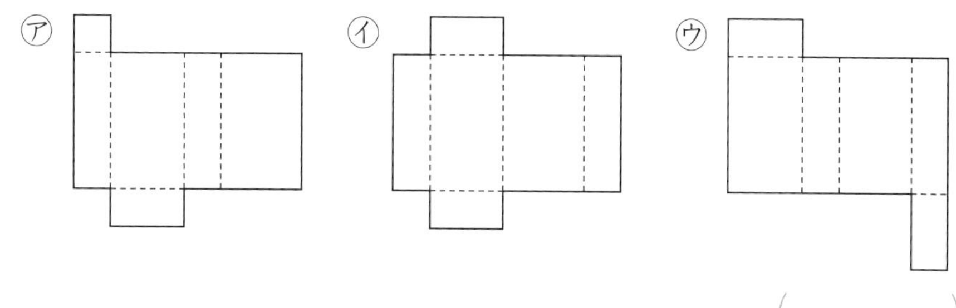

（　　）

答えは72ページ

教科書 ㊦ 101～105 ページ

月　　日

14　箱の形の特ちょうを調べよう

❶ 直方体と立方体

／100点

1 右の図の直方体を見て答えましょう。　1つ25〔50点〕

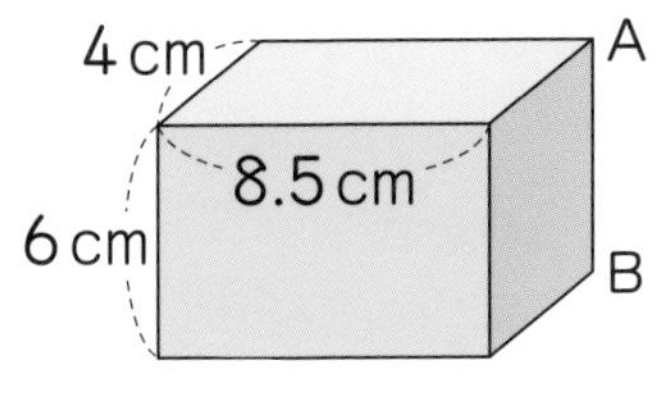

❶ 辺AB（へん エービー）の長さは何cmですか。

（　　　　）

❷ たてが6cm、横が8.5cmの長方形の面はいくつありますか。

（　　　　）

2 下の図で、立方体の正しい展開図（てんかいず）をすべて選（えら）びましょう。〔25点〕

㋐ 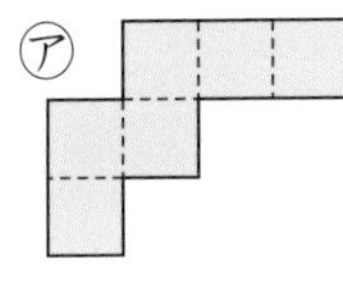

㋑ 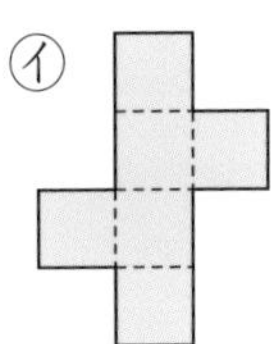

㋒ 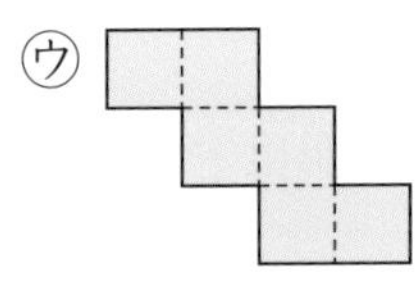

㋓ 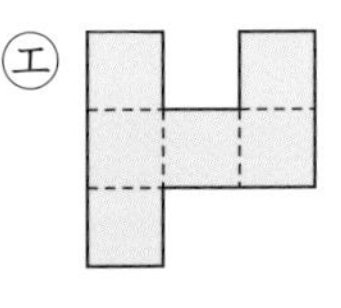

（　　　　）

3 下の図のような直方体の展開図をかきましょう。〔25点〕

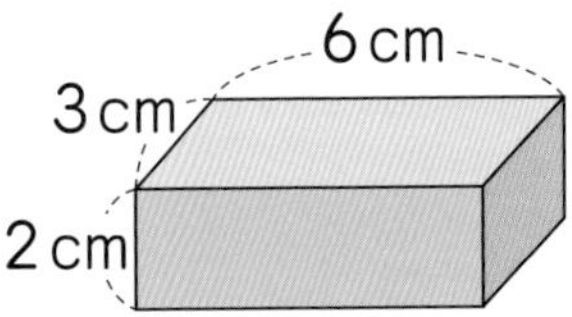

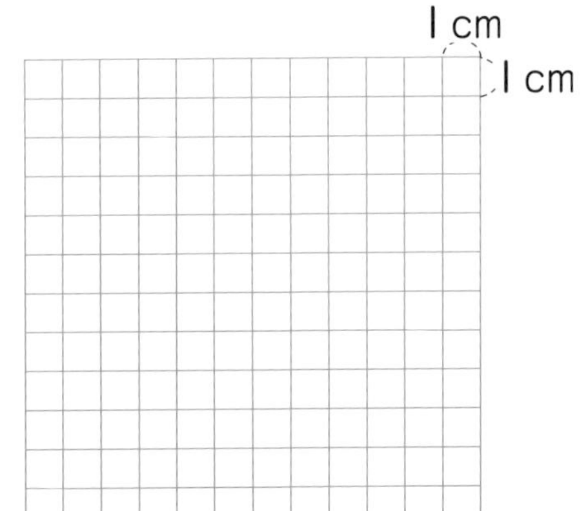

答えは72ページ

14　箱の形の特ちょうを調べよう

❷ 面や辺の垂直、平行
❸ 位置の表し方

／100点

1 右の立方体について答えましょう。　1つ16〔64点〕

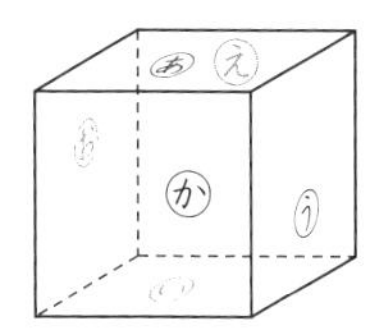

❶ 面㋐と面㋕は、垂直(すいちょく)ですか、平行ですか。

（　　　　）

❷ 面㋒に垂直な面はどれですか。

（　　　　）

❸ 面㋑に平行な面はどれですか。

（　　　　）

❹ 面㋔に平行な面はどれですか。

（　　　　）

2 平面上の点の位置(いち)の表し方を考えます。点B(ビー)の位置は、点A(エー)をもとにして、(横 2cm、たて 5cm)と表すことができます。　1つ12〔36点〕

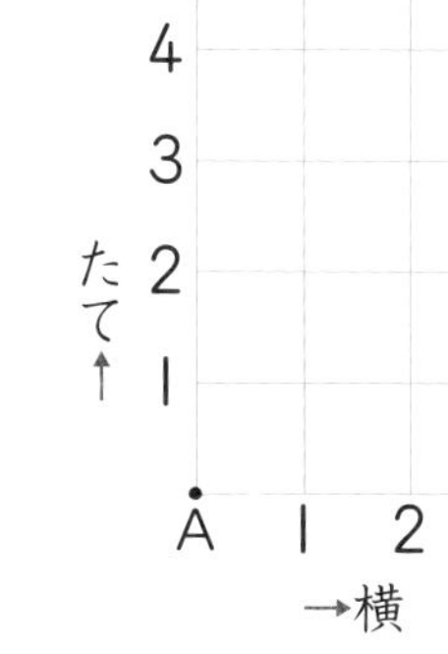

❶ 点Bと同じように、点C(シー)、点D(ディー)の位置を表しましょう。

点C（　　　　）

点D（　　　　）

❷ 点E(イー)(横 1cm、たて 4cm)を、上の図の中にかきましょう。

答えは 72ページ

14　箱の形の特ちょうを調べよう

❷ 面や辺の垂直、平行
❸ 位置の表し方

／100点

1 右の直方体について答えましょう。　1つ15〔60点〕

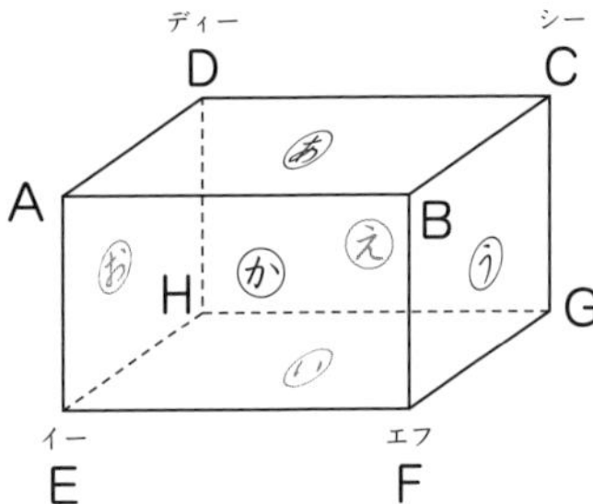

❶ 辺 AB に平行な辺はどれですか。

(　　　　　)

❷ 頂点 H か頂点 G を通って、辺 HG に垂直な辺はどれですか。

(　　　　　)

❸ 面㋒に垂直な辺はどれですか。

(　　　　　)

❹ 面㋐に平行な辺はどれですか。

(　　　　　)

2 右の直方体で、頂点 B の位置は、頂点 E をもとにして、
(横 7cm、たて 0cm、高さ 5cm)
と表すことができます。頂点 C、頂点 D の位置を、頂点 E をもとにして表しましょう。　1つ20〔40点〕

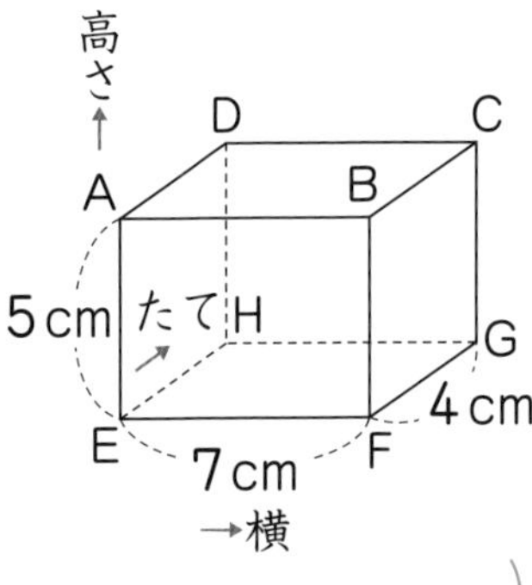

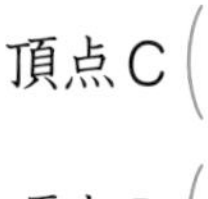

頂点 C (　　　　　)

頂点 D (　　　　　)

答えは 72ページ

教科書 ㊦ 118～122 ページ

月　日

4年のふくしゅう
力だめし ①

／100点

1 376322l5086075 の読み方を漢字で書きましょう。〔9点〕

(　　　　　　　　　　　　　　　　　　　　　　　　)

2 計算をしましょう。わり算は商を整数で求め、わりきれないときはあまりも出しましょう。 1つ7〔42点〕

❶ 386×729　❷ 508×941　❸ 463×280

❹ $207 \div 5$　❺ $94 \div 18$　❻ $851 \div 23$

3 計算をしましょう。わり算は、わりきれるまでしましょう。 1つ7〔49点〕

❶ $1.46 + 4.28$　❷ $0.098 + 0.052$　❸ $7.29 - 5.45$

❹ $13 - 2.08$　❺ 0.84×59　❻ 7.95×26

❼ 23.4÷6

答えは
72ページ

月　　日

4 年のふくしゅう
力だめし ②

／100点

1 帯分数(たいぶんすう)は仮分数(かぶんすう)に、仮分数は帯分数になおしましょう。 1つ9〔18点〕

❶ $3\frac{5}{9}$ (　　　)　　❷ $\frac{31}{7}$ (　　　)

2 計算をしましょう。 1つ9〔36点〕

❶ $\frac{6}{7}+\frac{4}{7}$　　❷ $\frac{7}{9}+2\frac{4}{9}$

❸ $\frac{7}{5}-\frac{3}{5}$　　❹ $2\frac{3}{8}-\frac{5}{8}$

3 ㋐、㋑の角度は何度ですか。 1つ9〔18点〕

❶

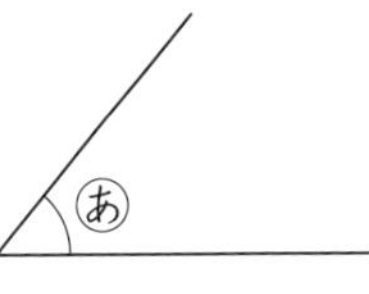

❷

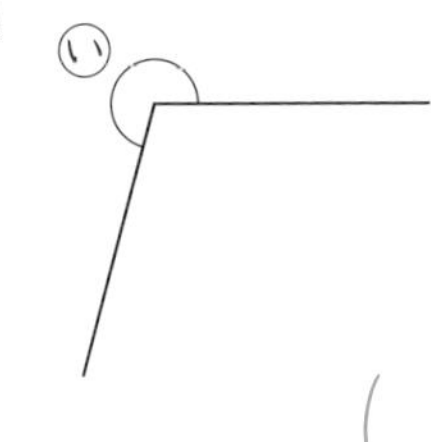

(　　　)　　(　　　)

4 次の面積(めんせき)を、(　)の中の単位(たんい)で求(もと)めましょう。 1つ7〔28点〕

❶ 1 辺(ぺん)が 30 cm の正方形の面積(cm^2)

【式】

答え(　　　)

❷ たて 180 m、横 25 m の長方形の面積(a)

【式】

答え(　　　)

答えは 72ページ

1　3・4ページ

1 ①㋐ 百万の位　㋑ 一兆(ちょう)の位
② 四兆三千二百六十一億(おく)五千九百万
③ 2　④ 10億

2 ① 3200001500300
② 8400000000
③ 8000000000000
④ 300000000000

3 ① 266310　② 75888
③ 468000　④ 6384000

★ ★ ★

1 ① 5300　② 2800000
③ 10

2 ① 166742　② 170522
③ 254925　④ 453288
⑤ 340000　⑥ 1218000
⑦ 311444　⑧ 326027

3 4012356789

2　5・6ページ

1 ① 時こく　② 17度
③ 午前9時
④ 24度、午後1時
⑤ 午後1時と午後2時の間

2 ① ㋓　② ㋐　③ ㋒

★ ★ ★

1 ①

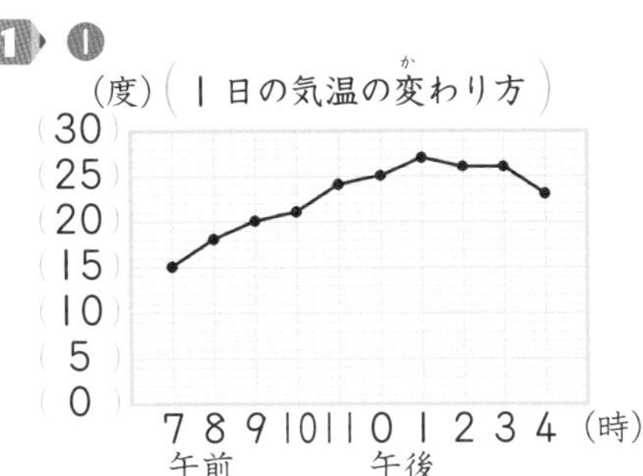

② 12度
③ 午後2時と午後3時の間

2 ㋑

3　7・8ページ

1 ①

けがをした場所と原いん(4月)　(人)

場所＼原いん	ぶつかる	転ぶ	ひねる	落ちる	合計
校庭	3	2	1	1	7
体育館	1	2	2	1	6
ろう下	2	1	1	0	4
教室	0	1	0	0	1
合計	6	6	4	2	18

② 校庭、ぶつかる

2 ① 5人　② 28人

★ ★ ★

1 ①㋐ 9　㋑ 15　㋒ 13　㋓ 11
② ㋖
③㋕ 5　㋖ 4　㋗ 9　㋘ 8　㋙ 7
㋚ 15　㋛ 13　㋜ 11　㋝ 24
④ ティッシュペーパーだけ持ってきた人

4 9・10ページ

1 ① 10 ② 10 ③ 30
④ 60 ⑤ 60 ⑥ 50
⑦ 100 ⑧ 400 ⑨ 400
⑩ 600 ⑪ 700 ⑫ 500

2 280÷7=40 答え 40本

3 1200÷6=200 答え 200本

★ ★ ★

1 ❶ 30 ❷ 10 ❸ 60
❹ 90 ❺ 80 ❻ 40
❼ 100 ❽ 300 ❾ 800
❿ 400 ⓫ 400 ⓬ 500

2 450÷9=50 答え 50円

3 1000÷5=200 答え 200mL

5 11・12ページ

1 ① 16 ② 39あまり1
③ 20 ④ 19
⑤ 147 ⑥ 176
⑦ 229あまり1 ⑧ 120あまり2
⑨ 109あまり2

2 ① 23あまり3 23、3、95
② 340あまり1 340、1、681

★ ★ ★

1 ❶ 38 ❷ 11あまり4
❸ 10あまり5 ❹ 135
❺ 114あまり4 ❻ 204

2 ❶ 27あまり1、3×27+1=82
❷ 11あまり3、5×11+3=58

3 415÷4=103あまり3
答え 103まいになって、3まいあまる。

6 13・14ページ

1 ① 46 ② 73あまり2
③ 51あまり1

2 ① 67あまり3 67、3、472
② 80あまり5 80、5、725

3 300÷7=42あまり6
答え 42本とれて、6cmあまる。

4 ㋐ 20 ㋑ 18 ㋒ 6 ㋓ 26

★ ★ ★

1 ❶ 37 ❷ 85あまり2
❸ 54あまり7 ❹ 83あまり1
❺ 70あまり1 ❻ 80

2 ❶ 25あまり5、8×25+5=205
❷ 60あまり3、9×60+3=543

3 115÷9=12あまり7
12+1=13 答え 13日

4 ❶ 32 ❷ 120

7 15・16ページ

1 ① 2 ② 1

2 ① 大きい ② 120°

3 ① 30° ② 45°
③ 120° ④ 150°

★ ★ ★

1 ❶ 270 ❷ 1

2 ❶ 70° ❷ 135°

3 ❶ 180−150=30 答え 30°
❷ 180−30=150 答え 150°
❸ 180−150=30 答え 30°

8 17・18ページ

1 ① 220° ② 320°

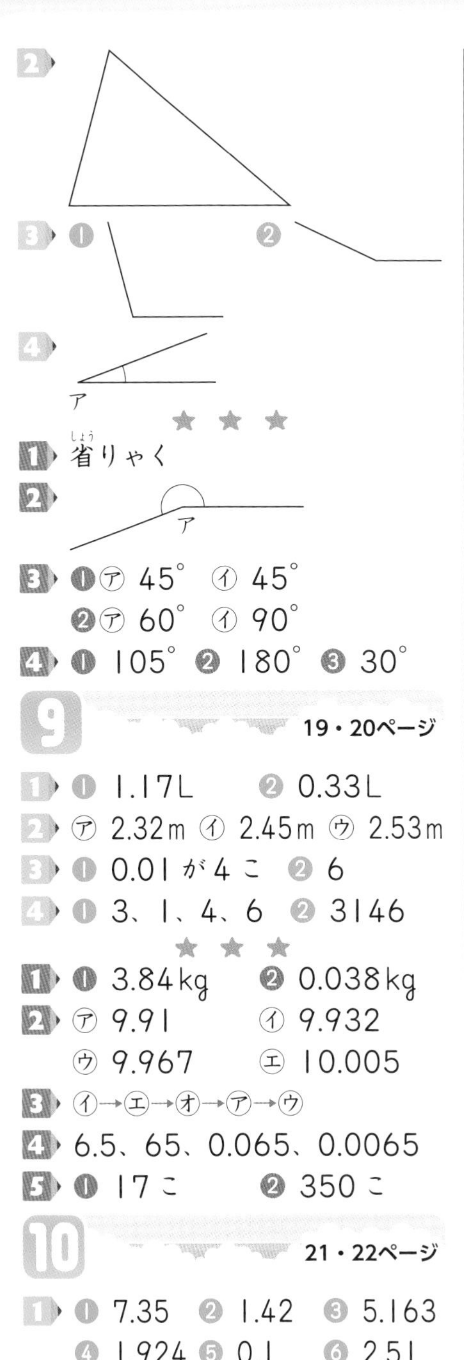

2 (図)

3 ❶ (図) ❷ (図)

4 (図) ア

★ ★ ★

1 省(しょう)りゃく

2 (図) ア

3 ❶㋐ 45° ㋑ 45°
❷㋐ 60° ㋑ 90°

4 ❶ 105° ❷ 180° ❸ 30°

9 19・20ページ

1 ❶ 1.17L ❷ 0.33L

2 ㋐ 2.32m ㋑ 2.45m ㋒ 2.53m

3 ❶ 0.01が4こ ❷ 6

4 ❶ 3、1、4、6 ❷ 3146

★ ★ ★

1 ❶ 3.84kg ❷ 0.038kg

2 ㋐ 9.91 ㋑ 9.932
㋒ 9.967 ㋓ 10.005

3 ㋑→㋓→㋔→㋐→㋒

4 6.5、65、0.065、0.0065

5 ❶ 17こ ❷ 350こ

10 21・22ページ

1 ❶ 7.35 ❷ 1.42 ❸ 5.163
❹ 1.924 ❺ 0.1 ❻ 2.51
❼ 0.71 ❽ 6.63 ❾ 7.6

2 ❶ 18.88 ❷ 0.22 ❸ 0.147

3 0.56+4.57=5.13 答え 5.13kg

★ ★ ★

1 ❶ 7.721 ❷ 3.76 ❸ 5.089

2 ❶ 4.7 ❷ 7.144 ❸ 41.68
❹ 3.76 ❺ 20.27 ❻ 5.257

3 ❶ 2.13+0.45=2.58
答え 2.58L
❷ 2.13−0.45=1.68
答え 1.68L

11 23・24ページ

1 ❶ (図) ❷ (図) ❸ (図) ❹ (図)

2 ❶ 6.86 ❷ 10.8 ❸ 3.22
❹ 1.4

★ ★ ★

1 ❶ 94 ❷ 568 ❸ 25
❹ 204

2 ❶ 7.93 ❷ 6.16 ❸ 7.91
❹ 12.4 ❺ 70億(おく) ❻ 37億
❼ 8兆(ちょう) ❽ 59兆 ❾ 3.31
❿ 0.92 ⓫ 0.15 ⓬ 3.4
⓭ 4億 ⓮ 20億 ⓯ 21兆
⓰ 26兆

12 25・26ページ

1 ❶ 2 ❷ 3 ❸ 6 ❹ 9
❺ 4 ❻ 5

2 ❶ 1あまり30 ❷ 1あまり20
❸ 5あまり40 ❹ 2あまり20
❺ 4あまり30 ❻ 9あまり40
❼ 5あまり60 ❽ 7あまり10
❾ 6あまり20 ❿ 8あまり20

3 360÷60=6 答え 6本

★ ★ ★

1 ❶ 4 ❷ 4 ❸ 7 ❹ 6
❺ 5 ❻ 5

2 ❶ 1あまり10 ❷ 1あまり20
❸ 3あまり50 ❹ 9あまり20
❺ 4あまり10 ❻ 8あまり10
❼ 8あまり10 ❽ 6あまり20
❾ 3あまり10 ❿ 8あまり80

3 600÷90=6あまり60
答え 6さつ買えて、60円あまる。

13 27・28ページ

1 ❶ 2あまり3 ❷ 3
❸ 4あまり2 ❹ 3あまり12
❺ 5あまり2 ❻ 2あまり28
❼ 7あまり8 ❽ 7あまり47
❾ 7あまり14

2 ❶ 3あまり7 3、7、85
❷ 3あまり16 3、16、70

★ ★ ★

1 ❶ 5あまり2 ❷ 2あまり9
❸ 3あまり59 ❹ 9あまり15
❺ 7あまり27 ❻ 6

2 ❶ 4あまり4、23×4+4=96
❷ 3あまり17、19×3+17=74

3 363÷45=8あまり3
答え 8人に分けられて、3こあまる。

14 29・30ページ

1 ❶ 25あまり6 ❷ 46あまり8
❸ 17 ❹ 24あまり10
❺ 32あまり8 ❻ 30あまり17
❼ 4 ❽ 2あまり157
❾ 3あまり16

2 ❶ 4、6 ❷ 100、20

★ ★ ★

1 ❶ 30あまり31 ❷ 40
❸ 4あまり79 ❹ 40
❺ 52あまり20 ❻ 13あまり300

2 275÷13=21あまり2
答え 21こになって、2こあまる。

3 40×23+20=940
940÷60=15あまり40
答え 15あまり40

15 31・32ページ

1 12÷4=3 答え 3倍

2 420÷7=60 答え 60円

3 ❶ 120÷30=4 180÷90=2
答え A(エー)…4倍 B(ビー)…2倍
❷ ゴムひもA

★ ★ ★

1 4×15=60 答え 60cm

2 1080÷9=120 答え 120円

3 ゴムひもB

4 玉ねぎ

16 33・34ページ

1 東市…約(やく)8万人 西市…約9万人

2 ❶ 約7万 ❷ 約3万

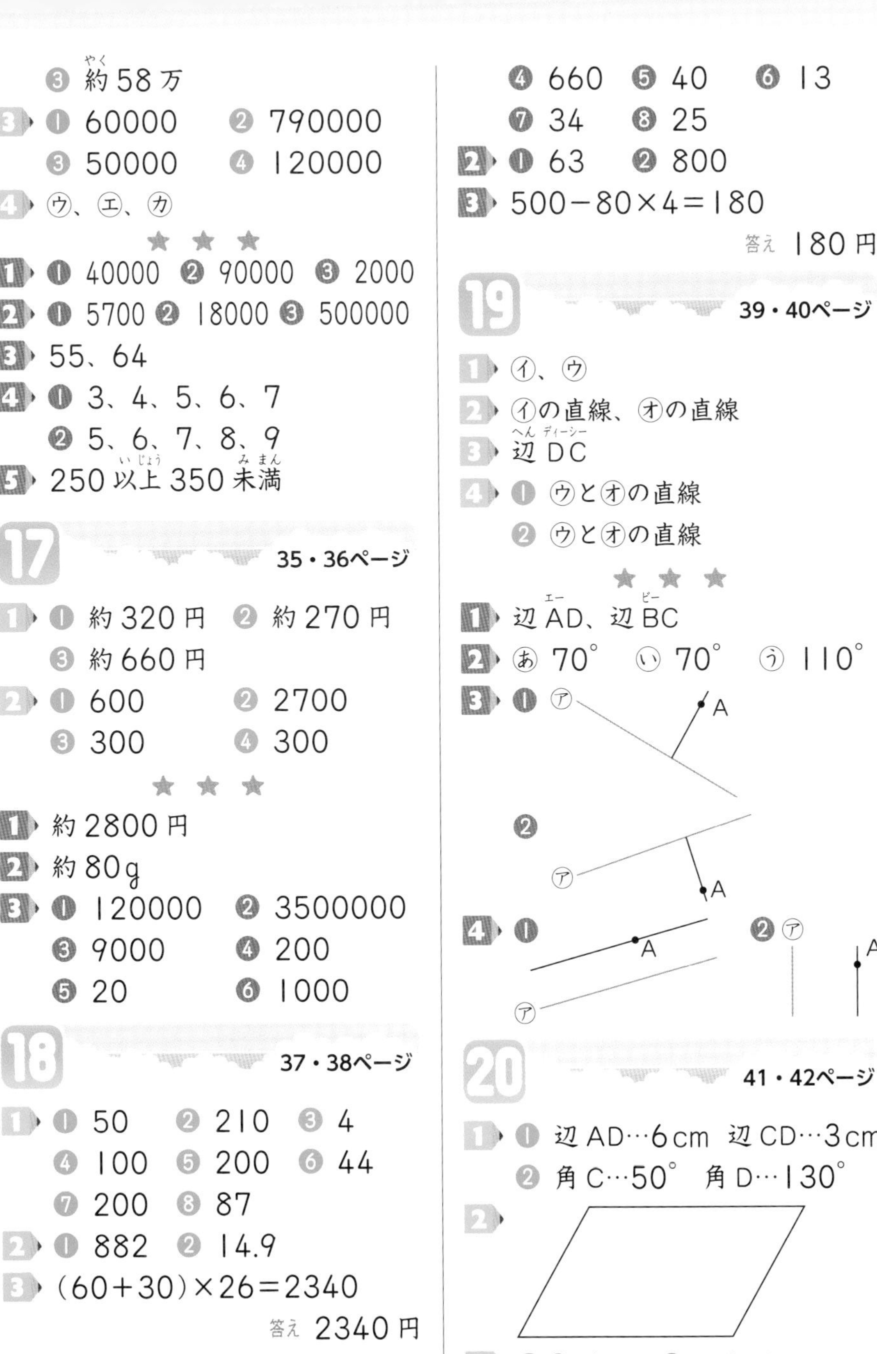

③ 約58万

3 ① 60000 ② 790000
③ 50000 ④ 120000

4 ㋒、㋓、㋕

★ ★ ★

1 ① 40000 ② 90000 ③ 2000

2 ① 5700 ② 18000 ③ 500000

3 55、64

4 ① 3、4、5、6、7
② 5、6、7、8、9

5 250以上350未満

17

35・36ページ

1 ① 約320円 ② 約270円
③ 約660円

2 ① 600 ② 2700
③ 300 ④ 300

★ ★ ★

1 約2800円

2 約80g

3 ① 120000 ② 3500000
③ 9000 ④ 200
⑤ 20 ⑥ 1000

18

37・38ページ

1 ① 50 ② 210 ③ 4
④ 100 ⑤ 200 ⑥ 44
⑦ 200 ⑧ 87

2 ① 882 ② 14.9

3 (60＋30)×26＝2340

答え 2340円

★ ★ ★

1 ① 154 ② 480 ③ 20
④ 660 ⑤ 40 ⑥ 13
⑦ 34 ⑧ 25

2 ① 63 ② 800

3 500－80×4＝180

答え 180円

19

39・40ページ

1 ㋑、㋒

2 ㋑の直線、㋔の直線

3 辺DC

4 ① ㋒と㋔の直線
② ㋒と㋔の直線

★ ★ ★

1 辺AD、辺BC

2 ㋐ 70° ㋑ 70° ㋒ 110°

3 ①

②

4 ①

②

20

41・42ページ

1 ① 辺AD…6cm 辺CD…3cm
② 角C…50° 角D…130°

2

3 ① ㋐ 台形 ㋑ ひし形
② 辺DC

★★★

1 ❶ 3つ　❷

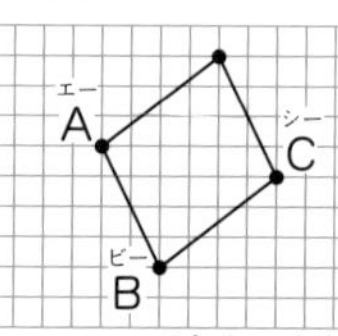

2 ❶ 台形　❷ 平行四辺形

3 ❶ 正方形　❷ 平行四辺形

❸ 長方形

21　43・44ページ

1 帯分数…$1\frac{5}{8}$L　仮分数…$\frac{13}{8}$L

2 ㋐ $\frac{1}{3}$、$\frac{3}{4}$　㋑ $\frac{9}{9}$、$\frac{10}{7}$、$\frac{7}{4}$

㋒ $1\frac{2}{9}$、$2\frac{5}{7}$、$3\frac{5}{8}$

3 ❶ 5　❷ $2\frac{2}{7}$　❸ $4\frac{1}{5}$　❹ $7\frac{8}{9}$

4 ❶ $\frac{5}{3}$　❷ $\frac{29}{6}$　❸ $\frac{7}{2}$　❹ $\frac{14}{5}$

5 ❶ <　❷ >

★★★

1 ❶㋐ 6　㋑ 2　❷㋐ >　㋑ <

❸ $\frac{1}{2}$、$\frac{2}{4}$、$\frac{3}{6}$、$\frac{5}{10}$

❹ $\frac{1}{10}$、$\frac{1}{8}$、$\frac{1}{6}$、$\frac{1}{5}$、$\frac{1}{4}$、$\frac{1}{3}$、$\frac{1}{2}$

2 ❶ $\frac{2}{3}$、$\frac{2}{7}$、$\frac{2}{9}$　❷ $\frac{5}{3}$、$\frac{5}{5}$、$\frac{5}{6}$

22　45・46ページ

1 ❶ $\frac{10}{7}\left(1\frac{3}{7}\right)$　❷ 2　❸ $1\frac{3}{5}\left(\frac{8}{5}\right)$

❹ $3\frac{4}{6}\left(\frac{22}{6}\right)$　❺ $5\frac{5}{9}\left(\frac{50}{9}\right)$

❻ $\frac{4}{9}$　❼ $\frac{6}{7}$　❽ $1\frac{2}{4}\left(\frac{6}{4}\right)$

❾ $4\frac{3}{8}\left(\frac{35}{8}\right)$　❿ $1\frac{5}{7}\left(\frac{12}{7}\right)$

2 $\frac{5}{6}+\frac{7}{6}=2$　答え 2時間

3 $1\frac{1}{5}-\frac{2}{5}=\frac{4}{5}$　答え $\frac{4}{5}$L

★★★

1 ❶ $\frac{13}{9}\left(1\frac{4}{9}\right)$　❷ 2　❸ $3\frac{2}{7}\left(\frac{23}{7}\right)$

❹ $8\frac{4}{5}\left(\frac{44}{5}\right)$　❺ 1　❻ $2\frac{2}{8}\left(\frac{18}{8}\right)$

❼ $\frac{2}{4}$　❽ $3\frac{6}{7}\left(\frac{27}{7}\right)$

2 ❶ $\frac{3}{8}+\frac{7}{8}=\frac{10}{8}$

答え $\frac{10}{8}$kg$\left(1\frac{2}{8}\text{kg}\right)$

❷ $\frac{7}{8}-\frac{3}{8}=\frac{4}{8}$

答え あきらさんが、$\frac{4}{8}$kg 多く使った。

23　47・48ページ

1 ❶ 8、7、5、4、3、2、1、0

❷ 1ずつへる。

❸ □+○=8

2 ❶ 19、18、17、16、15、14、13

❷ □+○=20　❸ 7こ

★★★

1 ❶ □=○+5

❷ 1cm長くなる。

2 ❶ 4、8、12、16、20、24、28

❷ □×4＝○

24　49・50ページ

1 ㋐ $1cm^2$ ㋑ $1cm^2$ ㋒ $5cm^2$

㋓ $9cm^2$ ㋔ $12cm^2$ ㋕ $5cm^2$

2 ❶ 6×12＝72　答え $72cm^2$

❷ 7×7＝49　答え $49cm^2$

❸ 6×9＝54　答え $54cm^2$

❹ 18×18＝324　答え $324cm^2$

★★★

1 ❶ 23×23＝529　答え $529cm^2$

❷ 8×12＝96　答え $96cm^2$

2 90÷6＝15　答え 15cm

3 ❶ 16×25＝400　6×8＝48

400－48＝352　答え $352cm^2$

❷ 15×10＝150　(5＋15)×10＝200

5×5＝25　150＋200＋25＝375

答え $375cm^2$

25　51・52ページ

1 ❶ $1m^2$　❷ $10000cm^2$

2 ❶ $100m^2$　❷ 1a

3 ❶ $10000m^2$　❷ 1ha

4 ❶ $1km^2$　❷ $1000000m^2$

★★★

1 ❶ 20000　❷ 400

❸ 30000　❹ 5000000

2 ❶ 13×25＝325　6×6＝36

325－36＝289　答え $289km^2$

❷ 8×6＝48　(8－6)×6＝12

5×(18－6－6)＝30

48＋12＋30＝90　答え $90m^2$

3 ❶

たて（cm）	1	2	3	4	5	6	7
横　（cm）	7	6	5	4	3	2	1
面積（cm^2）	7	12	15	16	15	12	7

❷ 4cm

26　53・54ページ

1 ❶ 1.2　❷ 8.4　❸ 14.13

❹ 45　❺ 13.65　❻ 3.36

❼ 503.7　❽ 804.8　❾ 138.7

2 ❶ 58.5　❷ 1722

❸ 2738.83

3 0.8×15＝12　答え 12L

★★★

1 ❶ 15.2　❷ 91　❸ 7.2

❹ 39.2　❺ 210　❻ 0.72

❼ 733.4　❽ 448　❾ 9

2 ❶ 17.2　❷ 117.7　❸ 2.62

3 2.35×14＝32.9　答え 32.9kg

27　55・56ページ

1 ❶ 1.3　❷ 13.8　❸ 2.4

❹ 0.8　❺ 2.1　❻ 0.25

2 ❶ 8あまり2.9　8、2.9、74.9

❷ 3あまり12.8　3、12.8、60.8

3 6.5÷5＝1.3　答え 1.3L

★★★

1 ❶ 2.7　❷ 0.87　❸ 0.7

❹ 0.004　❺ 6.5　❻ 0.075

2 ❶ 16あまり2.4　❷ 2あまり7.4

❸ 2あまり7.9

3 39.7÷24＝1.65…（5の上に7）　答え 約（やく）1.7m

28 57・58ページ

1 ❶ 12÷5=2.4 答え 2.4 倍
❷ 8÷5=1.6 答え 1.6 倍
2 2700÷600=4.5 答え 4.5 倍
3 35÷50=0.7 答え 0.7 倍

★ ★ ★

1 ❶ 14÷4=3.5 答え 3.5 倍
❷ 10÷4=2.5 答え 2.5 倍
❸ 4÷8=0.5 答え 0.5 倍
2 24÷30=0.8 答え 0.8 倍

29 59・60ページ

1 ❶㋐ 直方体 ㋑ 立方体 ㋒ 直方体
❷ 6、12、8 ❸ 4、2
2 ㋒

★ ★ ★

1 ❶ 6cm ❷ 2つ
2 ㋑、㋒
3 【例】

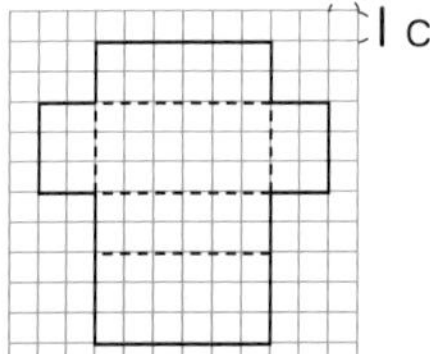

30 61・62ページ

1 ❶ 垂直
❷ 面あ、面い、面え、面か
❸ 面あ ❹ 面う
2 ❶ 点 C(横 3cm、たて 3cm)
点 D(横 4cm、たて 1cm)
❷

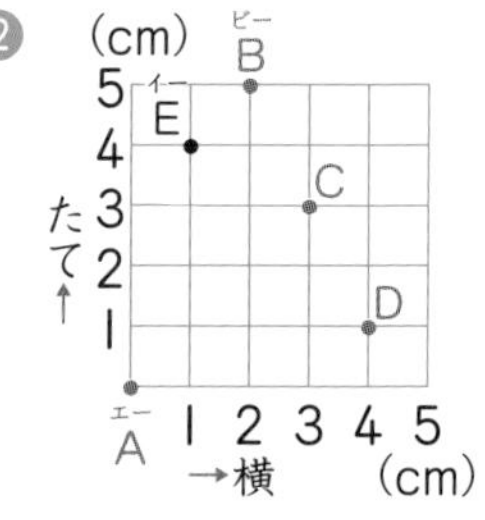

★ ★ ★

1 ❶ 辺 DC、辺 EF、辺 HG
❷ 辺 CG、辺 DH、辺 EH、辺 FG
❸ 辺 AB、辺 DC、辺 EF、辺 HG
❹ 辺 EF、辺 FG、辺 HG、辺 EH
2 頂点 C(横 7cm、たて 4cm、高さ 5cm)
頂点 D(横 0cm、たて 4cm、高さ 5cm)

31 63ページ

1 三十七兆六千三百二十二億
千五百八万六千七十五
2 ❶ 281394 ❷ 478028
❸ 129640 ❹ 41 あまり 2
❺ 5 あまり 4 ❻ 37
3 ❶ 5.74 ❷ 0.15 ❸ 1.84 ❹ 10.92
❺ 49.56 ❻ 206.7 ❼ 3.9

32 64ページ

1 ❶ $\frac{32}{9}$ ❷ $4\frac{3}{7}$
2 ❶ $\frac{10}{7}\left(1\frac{3}{7}\right)$ ❷ $3\frac{2}{9}\left(\frac{29}{9}\right)$
❸ $\frac{4}{5}$ ❹ $1\frac{6}{8}\left(\frac{14}{8}\right)$
3 ❶ 50° ❷ 255°
4 ❶ 30×30=900 答え 900cm^2
❷ 180×25=4500 答え 45a

3 2 1 0 9 8 7 6 5 4
＊ ＊ D C B A